容器焊接生产与展开下料实例

朱国宝　朱春龙　主编　　马云飞　主审

U0250899

化学工业出版社

·北京·

本书系统介绍了传统的钣金工作图解下料法以及应用计算机辅助展开下料技术等，叙述了压力容器焊接生产及其附属装置板材和管材作展开图等放样下料工序的关键步骤和方法。

本书按照制件的结构特征分为圆管（筒）构件、正口拔梢体、偏口拔梢体、斜口拔梢体、异形三通马鞍座体、异口形管和曲面球（弧）体七大类。构件从立体图、投影图、放样图和展开图 4 个过程，以实例形式详细介绍了用已知投影图尺寸求出展开图的方法。

本书适用于石油化工、电力、造船、冶金、机械和锅炉制造等行业从事钣金工、钳工、白铁工、铆工等技术工人，也适用于职业院校机械类专业学生，还可供钣金展开工程技术人员、设计人员及其他有关的科技人员参考。

图书在版编目（CIP）数据

容器焊接生产与展开下料实例/朱国宝，朱春龙主编.
—北京：化学工业出版社，2018.8
ISBN 978-7-122-32505-1

Ⅰ．①容⋯　Ⅱ．①朱⋯ ②朱⋯　Ⅲ．①压力容器-焊接
Ⅳ．①TG457.5

中国版本图书馆 CIP 数据核字（2018）第 138337 号

责任编辑：高　钰　　　　　　　　　　　　文字编辑：陈　喆
责任校对：杜杏然　　　　　　　　　　　　装帧设计：刘丽华

出版发行：化学工业出版社（北京市东城区青年湖南街 13 号　邮政编码 100011）
印　　刷：三河市航远印刷有限公司
装　　订：三河市毂发装订厂
787mm×1092mm　1/16　印张 10½　字数 252 千字　2019 年 1 月北京第 1 版第 1 次印刷

购书咨询：010-64518888　　售后服务：010-64518899
网　　址：http://www.cip.com.cn
凡购买本书，如有缺损质量问题，本社销售中心负责调换。

定　　价：68.00 元

前言 ▶▶▶
FOREWORD

  本书是焊接结构件包括压力容器及其附属装置加工、钣金展开下料的实用工具书。本着简明、实用和实际生产需要的原则，本书采用以图为主、说明为辅，理论与实践、图解与计算相结合的独特方式编写。本书分为五章，分别叙述了压力容器及其附属装置的制作工艺过程和展开下料过程。第一章按照感性认识入门，以循序渐进的方式来提高识图能力和动手能力。第二章讲述了压力容器等壳体结构的焊接生产技术。第三章内容为焊接接头组织性能和焊接缺陷，比较系统地讲述了如何提高焊接接头的强度以及如何避免焊接缺陷的产生，在焊接接头设计和制造工艺方面采取哪些措施等。第四章按照制件的结构特征分为圆管（筒）构件、正口拔梢体、偏口拔梢体、斜口拔梢体、异形三通马鞍座体、异口形管和曲面球（弧）体七大类。书中以图解的方法列举了各构件展开下料的详细过程，可以直接应用于生产实践。

  随着科学技术的进步和人们知识水平、生活水平的提高，过去只有"划"才能求出展开图的图解法有的用计算法也能方便求出。计算法一般来源于图解法，图解法是展开放样的基本方法。只有熟练掌握了图解法的视图投影原理，然后用直角勾股定理和三角函数等简单几何知识很方便地计算出所需要的数据。本书主要从图解法入手，计算法作为提示介绍，以期对读者起到举一反三、事半功倍的作用。

  本书第四章以实例形式，采取一课一页展开样本的方法，引导读者在课堂上人人拿起笔、尺、纸，每课制作一种纸质实体样本，实训课上可以用 2mm 钢板放样冷作在简易的胎具上敲打出钢质的实体样本。第五章学习计算机辅助展开下料技术，为实现过程的部分自动化打下一定的基础。在此要强调一点，就是计算机辅助展开下料技术只是一种现代化技术手段，是建立在人们感性和理性的专业知识之上的。

  本书适用于各行各业的钣金工、钳工、白铁工、铆工等技术工人，也适用于职业院校机械类专业学生，还可供钣金展开工程技术人员、设计人员及其他有关的科技人员参考。

  本书由朱国宝、朱春龙主编，仝源、朱明博、王悦参加编写，由马云飞担任主审。

  在本书编写过程中得到中石化南京化学工业集团化机厂研究所和高申华高级技师工作室的大力支持与帮助，在此表示衷心感谢。

  由于编者水平有限，书中不足之处，请广大读者批评指正。

编 者

2018 年 3 月

目录
▶▶▶
CONTENTS

绪　　论

一、压力容器的基本概念

压力容器早期主要应用于化学工业，压力多在 10MPa 以下。合成氨和高压聚乙烯等高压生产工艺出现后，要求压力容器承受的压力提高到 100MPa 以上。

随着化工和石油化学工业的发展，压力容器的工作温度范围也越来越宽；新工作介质的出现，还要求压力容器能耐介质腐蚀；许多工艺装置规模越来越大，压力容器的容量也随之不断增大。20 世纪 60 年代开始，核电站的发展对反应堆压力容器提出了更高的安全和技术要求，这进一步促进了压力容器的发展。例如：煤转化工业的发展，需要单台重量达数千吨的高温压力容器；快中子增殖反应堆的应用，需要解决高温耐液态钠腐蚀的压力容器；海洋工程的发展，需要能在水下几百至几千米工作的外压容器。

压力容器不仅普遍应用于化工、石油和石油化工生产，而且在电力、轻工、医药、食品、冶金、航天、航海、深海探测和科学研究等许多领域中也有着广泛的应用。由此可见，压力容器是工业部门和人民生活必不可少的生产装备，对国民经济的发展起着十分重要的作用。

"压力容器"是指压力和容积达到一定数值，容器所处的工作温度使其内部介质呈气体状态的密闭容器，如图 0-1 所示。这类容器一旦发生事故，其后果非常严重，世界各国都把这类容器作为一种特殊设备，对容器的设计、制造、安装、检验和使用等方面制定了一系列专门的法规和标准予以管理。另外，航天太空舱和飞船返回舱、军事潜水艇和深海探测器也参照使用压力容器的制造标准而制定各种标准。

按照中国《压力容器安全技术监察规程》中的有关规定，同时具备下列条件的容器即称为压力容器：

① 最高工作压力大于 0.1MPa（不含液体静压力）。

② 内直径（非圆形截面指断面最大尺寸）大于或等于 0.15m，且容积大于或等于 0.025m^3。

③ 介质为气体、液化气体或最高工作温度高于或等于标准沸点的液体。

二、压力容器分类和构造

1. 按工艺用途分类

（1）反应压力容器

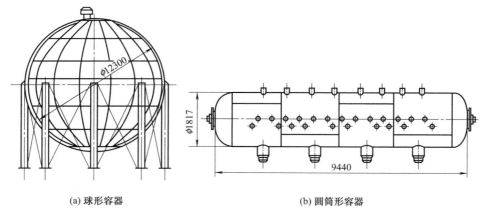

(a) 球形容器   (b) 圆筒形容器

图 0-1 球形和圆筒形压力容器

用于完成介质的物理、化学反应。如反应器、反应釜、分解塔、合成塔和煤气发生炉等。

（2）换热压力容器

用于完成介质的热量交换。如换热器、冷却塔、冷凝器、蒸发器、加热器（如压力锅炉）等。

（3）分离压力容器

用于完成介质的流体压力平衡和气体净化分离等。如分离器、过滤器、缓冲器、洗涤器、吸收塔和干燥塔等。

（4）储存压力容器

用于盛装生产用的原料气、液体、液化气体等。如储罐、球罐等。

2. 按壳体的承压方式分类

（1）内压容器

作用于压力容器器壁内部的压力高于外表面所承受的压力。如储罐、球罐、反应器、反应釜、分解塔、合成塔和煤气发生炉等。

（2）外压容器

作用于压力容器器壁内部的压力低于外表面所承受的压力。如各类潜水器和换热器、冷却塔、冷凝器、蒸发器、加热器的管程等。还有各类船舶的水下部分也可认定为外压容器。

3. 按设计压力分类

分为低压容器、中压容器、高压容器和超高压容器。

4. 按制造材料分类

分为钢制容器、有色金属容器、非金属容器等。

5. 按几何形状分类

分为圆筒形容器、球形容器、矩形容器、组合式容器等。

6. 其他

除上述分类方法外，还可以按容器的壳体结构、容器壁厚、结构材料、结构形式和工作介质进行分类。

压力容器的分类方式和结构形式虽然很多，但压力容器最基本的结构是一个密闭的焊接壳体。根据压力容器壳体的受力分析，最适宜的形状是球形，球形容器制造相对比较困难，成本较高，因此在工业生产中，大多数中、低压容器多采用圆筒形结构。圆筒形容器由筒体、封头、法兰、密封元件、开孔接管以及支座等六大部件组成，并通过焊接构成一个整体，如图 0-2 所示。

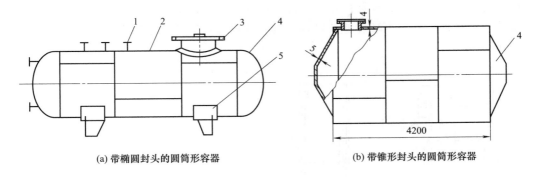

(a) 带椭圆封头的圆筒形容器　　　　　　　(b) 带锥形封头的圆筒形容器

图 0-2　圆筒形压力容器

1—接管；2—筒体；3—人孔及法兰；4—封头；5—支座

三、压力容器的焊接结构

① 一般用途的压力容器压力低，焊接结构比较简单，图 0-3 所示为载重汽车的刹车储气筒，由于低碳钢可焊性好，对应力集中敏感性低，故储气筒多采用 Q235 钢材制成。筒体由钢板弯制，纵向焊缝用埋弧自动焊一次焊成，两封头冲压成形，封头与筒体之间采用对接接头，为了保证焊缝质量，在焊缝底部设置残留垫板。

② 储存气体或液体的容器广泛应用于各生产部门和运输行业。固定小型储存容器的技术要求较低，一般用薄钢板制造即可。而对于大型储运容器，则在结构和设计上有许多特别的地方。如铁路运输石油产品用的油罐，如图 0-4 所示。油罐承受的内压力不高，但在运输车辆启动和刹车时有较大的惯性力，因此要求罐体应有适当的厚度，以保证足够的刚度。油罐罐体一般用低碳钢制造，筒体由上下两部分组成，上半部分占整个筒体的 3/4，用 8～12mm 厚的钢板成形拼制而成。筒体下部分占 1/4，要求有较大的刚度，采用较厚的钢板弯制。筒体上下两部分用对接纵焊缝连接。封头为椭圆封头，热压成形，与筒体之间采用对接焊接。

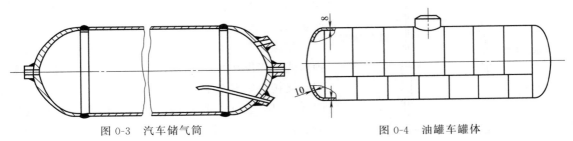

图 0-3　汽车储气筒　　　　　　　　　　图 0-4　油罐车罐体

③ 焊接容器承受的压力越高，其壁厚也越大，因此厚壁容器也称为高压容器。完整的厚壁容器作为工业生产中的高压装置，一般由外壳和内件构成。内件因工艺过程的不同而多种多样，外壳由于加工条件、钢板资源的限制，以及充分利用材料和避免深厚焊缝等方面考虑，则采用大体相近、较为复杂的结构形式，图 0-5 所示为一多层包扎式厚壁容器。这种结

构是先用厚度 14～34mm 的不锈钢板卷焊成内筒，纵焊缝经无损检测、热处理消除应力和机械加工磨平后，把厚度 4～8mm 的薄板卷成瓦片形，作为层板包到内筒的外表面，用钢丝索滚动包扎，把层板点焊固定后，用自动焊焊接纵焊缝，并用砂轮磨平纵焊缝。用同样方法依次包扎焊接第二层，这样逐层包扎至总的厚度达到设计要求为止，构成一个筒节。最后筒节两端经机械加工，车出环焊缝坡口，通过环缝焊接，把筒节连接成一个完整的筒体，如图 0-6 所示。

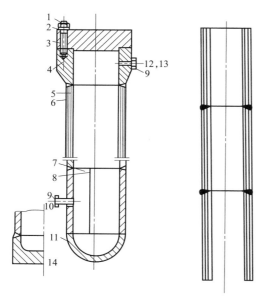

图 0-5　多层包扎式厚壁容器

1,2—主螺栓（螺母）；3—平盖；4—筒体端部；

5—内筒；6—多层结构；7,8—环纵焊缝；

9—管法兰；10—接管；11—封头；

12,13—管螺栓（螺母）；14—平板封头

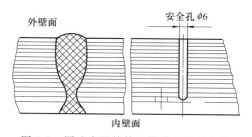

图 0-6　厚壁容器筒体及筒体环焊缝结构

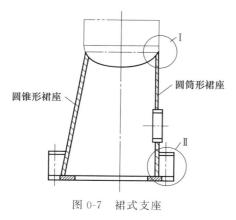

图 0-7　裙式支座

④ 裙式支座是高大容器设备最常用的一种支座，它由钢板卷制的座体、基础环和螺栓座焊接而成。裙式支座有圆筒形和圆锥形两种结构，如图 0-7 所示。

裙座体与塔壳的连接有对接接头和搭接接头两种形式。当座体的外径与下封头外径相等时，可采用对接接头，其连接焊缝须采用全焊透连续焊，如图 0-8（b）所示。这种连接结构，焊缝主要承受压缩载荷，封头局部受载。当采用搭接接头形式时，搭接的焊缝部位可在下封头直边上，也可在筒体上，裙座体内径稍大于塔体外径，其结构如图 0-8（a）所示。这种焊接结构，焊缝主要承受剪切载荷，所以焊缝受力条件恶劣，一般用于直径小于 1000mm 的塔设备。

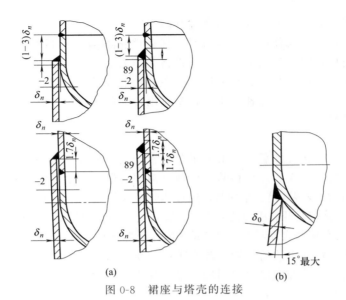

图 0-8 裙座与塔壳的连接

四、压力容器的主要参数

① 设计压力。是指在相应设计温度下用以确定容器壳壁计算壁厚及其元件尺寸压力。压力容器的设计压力不得低于最高工作压力，装有安全泄放装置的压力容器，其设计压力不得低于安全阀的开启压力或爆破片的爆破压力。

② 最高工作压力。是指容器顶部在正常工作过程中可能产生的最高表压力。

③ 工作压力。是指容器在满足工艺要求的条件下，所产生的表压力。

④ 试验压力。是指容器在压力试验时，容器顶部的压力。

⑤ 设计温度。是指容器在正常工作情况下，设定的元件的金属温度，标志在铭牌上的设计温度应是壳体设计温度的最高值或最低值。

⑥ 试验温度。是指压力容器在压力试验时，壳体的金属温度。

⑦ 计算厚度。是指压力容器各部分元件按公式计算出的厚度。

⑧ 设计厚度。是指计算厚度与腐蚀裕量之和。

⑨ 名义厚度。是指设计厚度加钢材负偏差后向上圆整至钢材标准规格的厚度。

⑩ 有效厚度。是指名义厚度减去钢材负偏差和腐蚀裕量之后的厚度。

⑪ 实测厚度。是指压力容器在检验时，用测厚仪所测出的实际厚度。

⑫ 外径。是指圆柱、球形压力容器外直径。

⑬ 内径。是指圆柱形、球形压力容器内直径。

⑭ 容器规格的表示。内径×壁厚×长度（高度）$=\phi\times\delta\times L$，单位：mm。

五、压力容器的安全附件

压力容器的安全附件是为防止容器超温、超压、超负荷而装设在设备上的一种安全装置。压力容器的安全附件较多，但最常用的安全附件有安全泄压装置（安全阀、防爆片、防爆帽）、压力表、液位计等。

1. 安全泄压装置

安全泄压装置是为保证压力容器安全运行，防止它超压的一种器具。

常见的安全泄压装置有安全阀、防爆片和防爆帽。

功能：当容器在正常工作压力下运行时，保持严密不漏；若容器内压力一旦超过规定，则能自动地、迅速地排泄出器内的介质，使设备的压力始终保持在许用压力范围以内。一般情况下，安全泄压装置除了具有自动泄压这一主要功能外，还有自动报警的作用。因为当它启动排放气体时，由于介质以高速喷出，常常发出较大的响声，这就相当于发出了设备压力过高的报警音响讯号。

（1）安全阀

安全阀按其整体结构及加载机构形式来分，常用的有杠杆式和弹簧式两种。安全阀要定期检验，每年至少检验一次。定期检验工作包括清洗、研磨、试验和校正。

弹簧式安全阀的加载装置是一个弹簧，通过调节螺母，可以改变弹簧的压缩量，调整阀瓣对阀座的压紧力，从而确定其开启压力的大小。弹簧式安全阀结构紧凑，体积小，动作灵敏，对震动不太敏感，可以装在移动式容器上。缺点是阀内弹簧受高温影响时，弹性有所降低，见图0-9。

杠杆式安全阀靠移动重锤的位置或改变重锤的质量来调节安全阀的开启压力。它具有结构简单、调整方便、比较准确以及适用较高温度的优点。但杠杆式安全阀结构比较笨重，难以用于高压容器之上，见图0-10。

图0-9　弹簧式安全阀

图0-10　杠杆式安全阀（主要用于锅炉）

（2）防爆片

防爆片又称防爆膜、防爆板，是一种断裂型的安全泄压装置。防爆片具有密封性能好、反应动作快以及不易受介质中粘污物的影响等优点。但它是通过膜片的断裂来泄压的，所以泄后不能继续使用，容器也被迫停止运行，因此它只是在不宜装设安全阀的压力容器上使用，见图0-11。

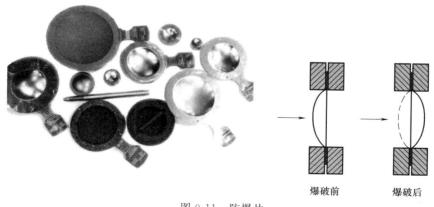

爆破前　　爆破后

图0-11　防爆片

（3）防爆帽

防爆帽又称爆破帽，也是一种断裂型安全泄压装置。它的样式较多，但基本作用原理一样，它的主要元件是一个一端封闭、中间具有一薄弱断面的厚壁短管。当容器的压力超过规定时，防爆帽即从薄弱断面处断裂，气体从管孔中排出。为了防止防爆帽断裂后飞出伤人，在它的外面应装有保护装置。

2. 压力表

压力表是测量压力容器中介质压力的一种计量仪表。压力表的种类较多，有液柱式、弹性元件式、活塞式和电量式四大类。压力容器大多使用弹性元件式的单弹簧管压力表。装在锅炉、压力容器上的压力表，其最大量程（表盘上刻度极限值）应与设备的工作压力相适应。压力表的量程一般为设备工作压力的 1.5～3 倍，最好取 2 倍，见图 0-12。

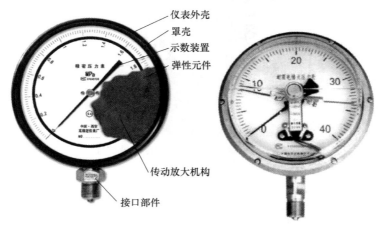

图 0-12　压力表

压力表一般每半年校验一次，校验后的压力表应加铅封，并注明下次校验日期或校验有效期。在容器运行期间，如发现压力表指示失灵、刻度不清、表盘玻璃破裂、泄压后指针不回零位、铅封损坏等情况，应立即校正或更换。

3. 液面计

液面计又称液位计，是用来测量容器内液面变化情况的一种计量仪表。操作人员根据其指示的液面高低来调节或控制充装量，从而保证容器内介质的液面始终在正常范围内。主要有：伺服液位计、钢带液位计、浮筒液位计、磁翻板液位计、超声波液位计、磁致伸缩液位计、雷达液位计、电容液位计、玻璃板液位计、玻璃管液位计、吹气液位计、差压液位计、激光液位计和 γ 射线料位计等，用得最多的是差压液位计和浮筒液位计，见图 0-13。

六、压力容器的制造中常用金属材料及焊接性

石油化工装置的压力容器绝大多数为钢制的。制造材料多种多样，比较常用的有如下几种。

1. Q235A

Q235A 钢，含硅量多，脱氧完全，因而质量较好。限定的使用范围为：设计压力 ≤1.0MPa，设计温度 0～350℃，用于制造壳体时，钢板厚度不得大于 16mm。不得用于盛装液化石油气体、毒性程度为极度、高度危害介质及直接受火焰加热的压力容器。

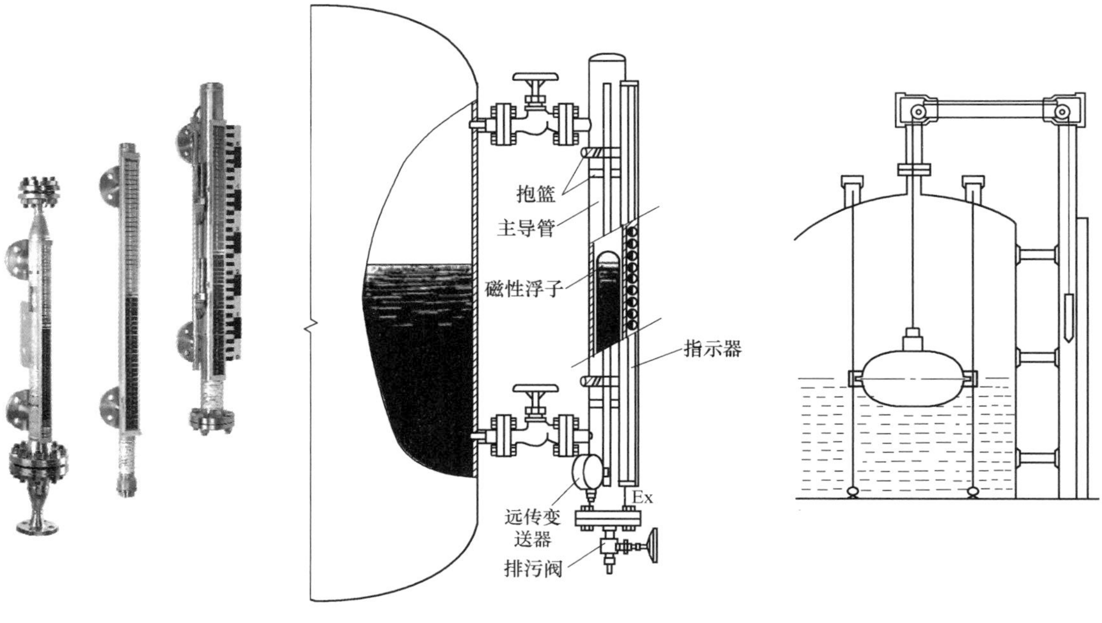

(a) 磁翻板式液位计　　　　(b) 磁翻板式液位水平原理　　　　(c) 浮筒式液位计原理

图 0-13　磁翻板液位计和浮筒液位计

2. 20g

20g 锅炉钢板与一般 20 优质钢相同，含硫量较 Q235A 钢低，具有较高的强度，使用温度范围为 −20～475℃，常用于制造温度较高的中压容器。

3. 16MnR

16MnR 普通低合金容器钢板，制造中、低压容器可减轻温度较高的容器重量，使用温度范围为 −20～475℃。

4. 低温容器（低于 −20℃）材料

主要是要求在低温条件下有较好的韧性以防脆裂，一般低温容器用钢多采用锰钒钢。在低温用钢中常加入 V、Al、Nb、Ti 及 RE 等合金元素，如我国的低温压力容器用钢 09MnTiCuREDR、09Mn2VDR、06MnNbDR 及 06AlNbCuN 等。16MnDR 可扩大使用作为 −40℃ 低温用钢。钢中加入合金元素 Ni，能显著改善钢的低温韧性，为保证低温韧性，如 9Ni 钢所用温度可达 −196℃。在低温用钢中尽量降低含碳量，并严格限制硫、磷含量。

5. 高温容器用珠光体耐热钢

温度<400℃、可用普通碳钢，使用温度 400～500℃ 时可采用 15MnVR、14MnMoVg，使用温度 500～600℃ 时可采用 15CrMo、12Cr2Mo1，珠光体耐热钢指具有高温抗氧化性和高温强度的铬钼合金钢种，如 15Cr13Mo12 和以上钢种。

6. 不锈钢及奥氏体耐热钢

不锈钢是（质量分数）Cr ≥13％ 的高铬高镍合金钢，在一定化学介质或腐蚀环境中具有高度化学稳定性，种类有马氏体不锈钢如 0Cr13、铁素体不锈钢如 0Cr17、奥氏体不锈钢如 0Cr18Ni9、1Cr18Ni9Ti 和铁-奥体的双相不锈钢如 00Cr25Ni5Mo2Ti。使用温度在 600～700℃ 时也应采用 0Cr13Ni9 和 1Cr18Ni9Ti 等奥氏体高合金钢。

另外，还有复合板，如 Q345＋1Cr18Ni9Ti。

注意：材料依据合同和材料的技术条件、技术要求进行验收，主要检验炉号、批号、型号、化学成分和力学性能等，合格后方可入库。保管时应分类分批存放，标示清楚。发放时按照生产计划严格执行，应贯彻"标记移植"的规定。

（1）焊接性的概念

金属的焊接性指金属材料焊接的难易程度。主要指在一定的焊接工艺条件下，获得优质焊接接头的难易程度。假如要采取特殊工艺措施（如预热、热处理或采用特殊的焊接方法）才能获得优质接头，则焊接性差。即焊接性越差，则工艺措施越复杂。

需要满足一定的工艺条件。

① 焊接方法，如焊条电弧焊、埋弧焊、氩弧焊、CO_2 气体保护焊等。

② 焊接材料，如焊材牌号、焊材型号。

③ 焊接规范，如焊接电流、电弧电压、焊速、焊条直径、焊接层数、道数、焊接位置。

④ 焊前预热，如预热温度、时间。

⑤ 焊后处理，如后热、热处理温度、保温时间。

（2）焊接性的评定

① 冷裂纹敏感性碳当量法。冷裂纹敏感性碳当量法（国际焊接协会推荐 IIW）见表 0-1。

表 0-1 冷裂纹敏感性碳当量法

碳当量公式	适用范围
国际焊接学会（IIW）推荐： $CE(IIW)=C+\dfrac{Mn}{6}+\dfrac{Cr+Mo+V}{5}+\dfrac{Cu+Ni}{15}(\%)$	钢材：中高强度（$\sigma_b=500\sim900MPa$）的非调质低合金高强钢 化学成分：$C\geqslant0.18\%$
日本 JIS 标准规定： $CE(JIS)=C+\dfrac{Mn}{6}+\dfrac{Si}{24}+\dfrac{Ni}{40}+\dfrac{Cr}{5}+\dfrac{Mo}{4}+\dfrac{V}{14}(\%)$	钢材：低碳调质低合金高强钢（$\sigma_b=500\sim1000MPa$） 化学成分（质量分数）：$C\leqslant0.2\%$；$Si\leqslant0.55\%$；$Mn\leqslant1.5\%$；$Cu\leqslant0.5\%$；$Ni\leqslant2.5\%$；$Cr\leqslant1.25\%$；$Mo\leqslant0.7\%$；$V\leqslant0.1\%$；$B\leqslant0.006\%$
美国焊接学会（AWS）推荐： $CE(AWS)=C+\dfrac{Mn}{6}+\dfrac{Si}{24}+\dfrac{Ni}{15}+\dfrac{Cr}{5}+\dfrac{Mo}{4}$ $+\left(\dfrac{Cu}{13}+\dfrac{P}{2}\right)(\%)$	钢材：普通碳钢和低合金高强钢 化学成分（质量分数）：$C<0.6\%$；$Mn<1.6\%$；$Ni<3.3\%$；$Cr<1.0\%$；$Mo<0.6\%$；$Cu=0.5\%\sim1\%$；$P=0.05\%\sim0.15\%$

碳当量估算公式很多，下列碳当量公式是国际焊接协会推荐的碳当量（CE）公式：

$$CE=C+\frac{Mn}{6}+\frac{Cr+Mo+V}{5}+\frac{Ni+Cu}{15}(\%)$$

式中，元素的符号表示其在钢中含量的百分比。

根据试验可知：

a. 当 $CE<0.4\%$ 时，焊接性优良，焊接时不需预热。

b. 当 $CE=0.4\%\sim0.6\%$ 时，焊接性稍差，钢的淬硬倾向逐渐明显，需采取适当预热，控制线能量才能焊接。

c. 当 $CE>0.6\%$ 时，淬硬倾向更强，焊接性差，需要较高的预热温度并采取严格的焊接工艺措施。

研究表明焊接性与含碳量及合金元素含量有关，其中含 C 量影响最大，CE 越高，焊接性越差；C 含量越高，合金元素含量越高，焊接性越差。

利用碳当量来评定钢材的焊接性，只是一种近似的估算，没有考虑到焊接方法、焊接结构及焊接工艺等因素对焊接性的影响。近代大力发展低碳微量多合金元素的低合金高强度钢，表 0-1 所示碳当量公式已不适用。况且仅按钢材化学成分评定钢材焊接性并不全面，因为低合金高强度钢焊接时产生冷裂纹的原因除化学成分外，还有熔敷金属中扩散氢含量、接头的拘束度等因素。

② 冷裂纹敏感性指数法。除了考虑化学成分外，还有熔敷金属中的扩散氢含量、接头的去拘束应力等。

③ 焊接实验法。按预先制定的焊接工艺参数焊接工艺试板，检测焊接接头对裂纹、气孔、夹渣等缺陷的敏感性，作为评定焊接性时选择焊接方法和工艺参数的依据。常用方法包括 Y 形坡口裂纹试验、搭接接头焊接裂纹试验等。

④ 焊接性包括两个方面的内容。

a. 接合性能。接头在焊接过程形成焊接缺陷的敏感性。

b. 使用性能。接头在一定使用条件下可靠运行的能力。

金属焊接性是一系列性能的综合表现。对于不同材料、不同工作条件下的焊件，焊接性的主要内容不同。例如，普通低合金结构钢、耐热钢、高合金耐热钢等，对于淬硬和冷裂缝比较敏感，因此在焊接这些材料时，如何解决淬硬和冷裂的问题是焊接性的主要内容。又如，焊接奥氏体不锈钢时，晶间腐蚀和热裂纹是主要问题，也是其可焊性的主要问题。

七、压力容器管理法规

压力容器属危险性大的生产设备，为了确保压力容器安全运行，2003 年 3 月 11 日国务院第 373 号令公布，并颁发了《特种设备安全监察条例》（以下简称《条例》，于 2003 年 6 月 1 日起施行），质量技术监督局颁发了《压力容器安全技术监察规程》（以下简称《容规》）。

《条例》和《容规》都是强制执行的压力容器管理法规，凡是从事各种压力容器的设计、制造、安装、使用、检验、修理、改造的单位，都必须贯彻执行。《条例》与《容规》的主要规定有以下几点。

1. 压力容器的设计应具备的条件

压力容器的设计单位应当经国务院特种设备安全监督管理部门许可，方可从事压力容器的设计活动。设计文件应当经国务院特种设备安全监督管理部门核准的检验检测机构鉴定，方可用于制造。

压力容器的设计单位应当具备下列条件。

① 有与压力容器设计相适应的设计人员、设计审核人员。

② 有与压力容器设计相适应的健全的管理制度和责任制度。

2. 压力容器的制造、安装、改造单位应具备的条件

压力容器的制造、安装、改造单位以及压力管道用管子、管件、阀门、法兰、补偿器、安全保护装置等（以下简称压力管道元件）的制造单位，应当经国务院特种设备安全监督管理部门许可，方可从事相应的活动。

压力容器的制造、安装、改造单位应当具备下列条件。

① 有与压力容器制造、安装、改造相适应的专业技术人员和技术工人。

② 有与压力容器制造、安装、改造相适应的生产条件和检测手段。

③ 有健全的质量管理制度和责任制度。

3. 容器制成后必须进行压力试验

压力试验是指耐压试验和气密性试验，耐压试验包括液压试验和气压试验。除设计图样要求用气体代替液体进行耐压试验外，不得采用气压试验。进行气压试验前，要全面复查有关技术文件，要有可靠的安全措施，并经制造安装单位技术负责人和安全部门检查、批准后方可进行。需要进行气密性试验的容器，要在液压试验合格后进行。

液压试验时，容器要充满液体，排净空气，待容器壁温度与液体温度相同时，才能缓慢升压到规定压力，根据容器大小保持 10～30min，然后将压力降到设计压力至少保持 30min。气压试验时，首先缓慢升压至规定试验压力的 10%，保持 10min，然后对所有焊缝和连接部位进行初次检查。合格后继续升压到规定试验压力的 50%，其后按每级为规定试验压力的 10% 的级差升压到试验压力，保持 10～30min，然后再降到设计压力至少保持 30min，同时进行检查。要注意气压试验时所用气体应为干燥的空气或氮气，气体温度不低于 15℃。压力试验要严格按照试验的安全规定进行，防止试验中发生事故。

液压试验后检查，符合下列情况为合格。

① 无渗漏。

② 无可见异常变形。

③ 试验过程中无异常响声。

压力容器出厂时，制造单位必须按照《容规》的规定向订货单位提供有关技术资料。

4. 压力容器的定期检验

压力容器的定期检验是指在容器使用的过程中，每隔一定期限采用各种适当而有效的方法，对容器的各个承压部件和安全装置进行检查和必要的试验。通过检验，发现容器存在的缺陷，采取措施，以防压力容器在运行中发生事故。

从事压力容器定期检验工作的检验机构和检验人员，必须严格按照核准的检验范围从事检验工作。检验机构和检验人员必须接受当地质量技术监督部门的监督，并且对压力容器定期检验结论的正确性负责。

八、焊接标准简介

GB/T 324—2008 焊缝符号表示法

GB/T 983—2012 不锈钢焊条

GB/T 984—2001 堆焊焊条

GB/T 985.1—2008 气焊、手工电弧焊、气体保护焊和高能束焊的推荐坡口

GB/T 985.2—2008 埋弧焊推荐坡口

GB/T 3375—1994 焊接术语

GB/T 3323—2005 金属熔化焊焊接接头射线照相

GB/T 5185—2005 焊接及相关工艺方法代号

GB/T 12467.1—2009 金属材料熔焊质量分要求　第 1 部分：质量要求相应等级的选择准则

GB/T 12467.2—2009 金属材料熔焊质量要求　第 2 部分：完整质量要求

GB/T 12467.3—2009 金属材料熔焊质量要求　第 3 部分：一般质量要求

GB/T 12467.4—2009 金属材料熔焊质量要求　第 4 部分：基本质量要求

GB/T 19418—2003 钢的弧焊接头　缺陷质量分级指南

GB/T 15169—2003 钢熔化焊焊工技能评定

GB/T 19869.1—2005 钢、镍及镍合金的焊接工艺评定试验

NB/T 47014—2011 承压设备焊接工艺评定

JB/T 4730.1～4730.6—2005 承压设备无损检测

GB/T 3669—2001 铝及铝合金焊条

GB/T 3670—1995 铜及铜合金焊条

GB/T 5117—2012 非合金钢及细晶粒钢焊条

GB/T 5118—2012 热强钢焊条

GB/T 8110—2008 气体保护电弧焊用碳钢、低合金钢焊丝

GB/T 9460—2008 铜及铜合金焊丝

GB/T 10044—2006 铸铁焊条及焊丝

GB/T 10045—2001 碳钢药芯焊丝

GB/T 12470—2003 埋弧焊用低合金钢焊丝和焊剂

GB/T 10858—2008 铝及铝合金焊丝

GB/T 13814—2008 镍及镍合金焊条

GB/T 15620—2008 镍及镍合金焊丝

GB/T 17493—2008 低合金钢药芯焊丝

GB/T 17853—1999 不锈钢药芯焊丝

GB/T 30562—2014 钛及钛合金焊丝

GB/T 11345—2013 焊缝无损检测　超声波检测技术、检测等级和评定

JB/T 6046—1992 碳钢、低合金钢焊接结构件　焊后热处理方法

GB/T 18591—2001 焊接预热温度、道间温度及预热维持温度的测量指南

JB/T 8931—1999 堆焊层超声波探伤方法

JB/T 6967—1993 电渣焊通用技术条件

JB/T 4251—1999 摩擦焊通用技术条件

JB/T 8833—2001 焊接变位机

GB/T 13164—2003 埋弧焊机

JB/T 9185—1999 钨极惰性气体保护焊工艺方法

JB/T 9186—1999 二氧化碳气体保护焊工艺规程

JB/T 9187—1999 焊接滚轮架

GB 9448—1999 焊接与切割安全

JB/T 6969—1993 射吸式焊炬

JB/T 6970—1993 射吸式割炬

JB/T 7438—1994 空气等离子弧切割机

GB/T 6052—2011 工业液体二氧化碳

GB/T 4842—2006 氩

思 考 题

1. 压力容器按工艺用途分成几类？写出其内容。

2. 压力容器制造中常用金属材料有哪些？

3. 写出国际焊接协会推荐的碳当量评定法。当 CE=0.4%～0.6% 时焊接性如何？

4. 《条例》和《容规》都是强制执行的压力容器管理法规，分别由什么部门颁发？全称是什么？

压力容器等壳体结构件的制作过程及其工艺规程

第一节 压力容器的基本知识

一、压力容器的分类

① 按设计压力划分。可分为四个承受等级。

低压容器（代号 L）	$0.1MPa \leqslant p < 1.6MPa$
中压容器（代号 M）	$1.6MPa \leqslant p < 10MPa$
高压容器（代号 H）	$10MPa \leqslant p < 100MPa$
超高压容器（代号 U）	$p \geqslant 100MPa$

② 按综合因素划分。在承受等级划分的基础上，综合压力容器工作介质的危害性（易燃、致毒等程度），可将压力容器分为Ⅰ、Ⅱ和Ⅲ类。

a. Ⅰ类容器。一般指低压容器（Ⅱ、Ⅲ类规定的除外）。

b. Ⅱ类容器。属于下列情况之一者：中压容器（Ⅲ类规定的除外）；易燃介质或毒性程度为中度危害介质的低压反应容器和储存容器；毒性程度为极度和高度危害介质的低压容器；低压管壳式余热锅炉；搪玻璃压力容器。

c. Ⅲ类容器。属于下列情况之一者：毒性程度为极度和高度危害介质的中压容器和 $pV \geqslant 0.2MPa \cdot m^3$ 的低压容器；易燃或毒性程度为中度危害介质且 $pV \geqslant 0.5MPa \cdot m^3$ 的中压反应容器或 $pV \geqslant 10MPa \cdot m^3$ 的中压储存容器；高压、中压管壳式余热锅炉；高压容器。

二、压力容器的结构特点与组成

压力容器的典型形式如图 1-1 所示。

1. 筒体

筒体是压力容器最主要的组成部分，由它构成储存物料或完成化学反应所需要存在大部分压力的空间。当筒体直径较小（小于 500mm）时，可用无缝钢管制作。当直径较大时，筒体一般用钢板卷制或压制（压成两个半圆）后焊接而成。筒体较短时可做成完整的一节，当筒体的纵向尺寸大于钢板的宽度时，可由几个筒节拼接而成。由于筒节与筒节或筒节与封头之间的连接焊缝呈环形，故称为环焊缝。所有的纵、环焊缝焊接接头，原则上均采用对接接头。

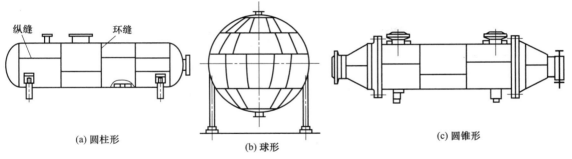

(a) 圆柱形　　　　　　　　　(b) 球形　　　　　　　　　(c) 圆锥形

图 1-1　压力容器的典型形式

2. 封头

凸形封头包括椭圆形封头、碟形封头、无折边球形封头和半球形封头，如图 1-2 所示。

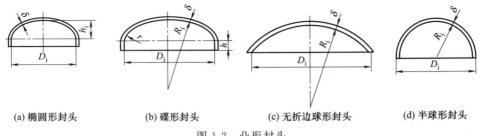

(a) 椭圆形封头　　　(b) 碟形封头　　　(c) 无折边球形封头　　　(d) 半球形封头

图 1-2　凸形封头

① 椭圆形封头。纵剖面呈半椭圆形，一般采用长短轴比值为 2 的标准。

② 碟形封头。又称带折边的球形封头。它是由三部分组成：第一部分为内半径为 R_i 的球面；第二部分为高度为 h 的圆形直边；第三部分为连接第一、二部分的过渡区（内半径为 r）。该封头特点为深度较浅，易于压力加工。

③ 无折边球形封头。又称球缺封头。虽然它深度浅，容易制造，但球面与圆筒体的连接处存在明显的外形突变，使其受力状况不良。这种封头在直径不大、压力较低、介质腐蚀性很小的场合可考虑采用。

④ 锥形封头。分为无折边锥形封头、大端折边锥形封头和折边锥形封头三种，如图 1-3 所示。从应力分析知，锥形封头大端的应力最大，小端的应力最小。因此，其壁厚是按大端设计的。

锥形封头由于其形状上的特点，有利于流体流速的改变和均匀分布，有利于物料的排出，而且对厚度较薄的锥形封头来说，制造比较容易，顶角不大时，其强度也较好，它较适用于某些受压不高的石油化工容器。

⑤ 平盖封头。结构最为简单，制造也很方便，但在受压情况下，平盖中产生的应力很大，因此，要求它不仅有足够的强度，还要有足够的刚度。平盖封头一般采用锻件，与筒体焊接或螺栓连接，多用于塔器底盖和小直径的高压及超高压容器。

3. 法兰

法兰按其所连接的部分，分为管法兰和容器法兰。用于管道连接和密封的法兰叫管法兰；用于容器顶盖与筒体连接的法兰叫容器法兰。法兰与法兰之间一般加密封元件，并用螺栓连接起来。

4. 开孔与接管

由于工艺要求和检修时的需要，常在石油化工容器的封头上开设各种孔或安装接管，如人

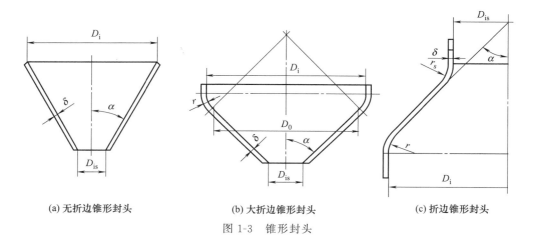

| (a) 无折边锥形封头 | (b) 大折边锥形封头 | (c) 折边锥形封头 |

图 1-3　锥形封头

孔、手孔、视镜孔、物料进出接管，以及安装压力表、液位计、流量计、安全阀等接管开孔。

手孔和人孔是用来检查容器的内部并用来装拆和洗涤容器内部的装置。手孔的直径一般不小于 150mm，直径大于 1200mm 的容器应开设人孔。位于筒体上的人孔一般开成椭圆形，净尺寸为 300mm×400mm；封头部位的人孔一般为圆形，直径为 400mm。对于可拆封头（顶盖）的容器及无须内部检查或洗涤的容器，一般可不设人孔。筒体与封头上开设孔后，开孔部位的强度被削弱，一般应进行补强。

5. 支座

椭圆筒形容器的安装位置不同，有立式容器支座和卧式容器支座两类。对于卧式容器，主要采用鞍形支座；对于薄壁长容器，也可采用圈形支座，如图 1-4 所示。

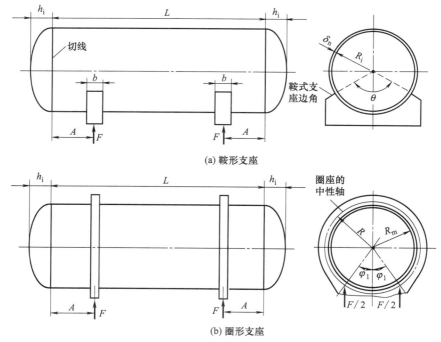

(a) 鞍形支座

(b) 圈形支座

图 1-4　卧式容器典型支座

第二节　压力容器的制造工艺

一、封头的展开和下料

目前广泛采用冲压成形工艺加工封头。现以椭圆形封头为例来说明其制造工艺。

封头制造工艺大致如下：原材料检验→划线→下料→拼缝坡口加工→拼板的装焊→加热→压制成形→二次划线→封头余量切割→热处理→检验→装配。

椭圆形封头压制前的坯料是一个圆形，封头的坯料尽可能采用整块钢板，如直径过大，一般采用拼接。这里有两种方法：一种是用两块或由左右对称的三块钢板拼焊，其焊缝必须布置在直径或弦的方向上；另一种是由瓣片和顶圆板拼接制成，焊缝方向只允许是径向和环向的。径向焊缝之间最小距离应不小于名义厚度 δ_n 的 3 倍，且不小于100mm，如图 1-5 所示。封头拼接焊缝一般采用双面埋弧焊。

封头成形有热压和冷压之分。采用热压时，为保证热压质量，必须控制始压和终压温度。低碳钢始压温度一般为 1000～1100℃，终压温度为 850～750℃。加热的坯料在压制前应清除表面的杂质和氧化皮。封头的压制是在水压机（或油压机）上，用凸凹模一次压制成形，不需要采取特殊措施。

已成形的封头还要对其边缘进行加工，以便于筒体装配。一般应先在平台上划出保证直边高度的加工位置线，用氧气切割割去加工余量，可采用图 1-6 所示的封头余量切割机。此机械装备在切割余量的同时，可通过调整割矩角度直接割出封头边缘的坡口（V 形），经修磨后直接使用；如对坡口精度要求高或有其他形式的坡口，一般是将切割后的封头放在立式车床上进行加工，以达到设计图样的要求。封头加工完后，应对主要尺寸进行检查，合格后才可与筒体装配焊接。典型冲压封头的下料尺寸如表 1-1 所示。

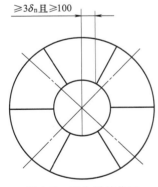

≥3δ_n且≥100

图 1-5　封头拼缝位置

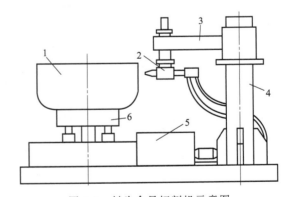

图 1-6　封头余量切割机示意图

1—封头；2—割炬；3—悬臂；4—立柱；5—传动系统；6—支座

表 1-1　典型冲压封头的下料尺寸　　　　　　　　单位：mm

直径	下 料 尺 寸				
	厚度				
	4	6	8	10	12
76	140	140			
108	180	180			

直径	下料尺寸				
	厚度				
	4	6	8	10	12
133	210	210			
159	230	230	230	250	250
219	300	300	300	320	320
273	370	370	370	390	390
325	450	450	450	450	450
377			500	500	500
426			580	580	580
250	360	360	360	370	370
300	430	430	430	450	450
350	480	480	480	490	490
400	550	550	550	570	
450	610	610	610	630	630
500	680	680	680	700	700
550	730	730	730	750	750
600	780	780	780	800	800
650	840	840	840	860	860
700	910	910	910	930	930
750	970	970	970	990	990
800	1030	1030	1030	1050	1050
850	1100	1100	1100	1120	1120
900	1160	1160	1160	1180	1180
950	1220	1220	1220	1240	1240
1000	1270	1270	1280	1300	1300
1100	1380	1380	1400	1400	1400
1150	1450	1450	1470	1470	
1200	1500	1500	1520	1520	1520
1300	1660	1660	1650	1650	1650
1400	1760	1760	1780	1780	1780
1450		1820	1840	1840	1840
1500	1870	1870	1880	1890	1890
1600	1920	1940	1940	1950	1950
1700	2040	2060	2060	2070	2070
1800	2150	2170	2170	2180	2180
1900	2270	2290	2290	2300	2300
2000	2380	2400	2400	2410	2410
2200	2610	2630	2630	2640	2640

续表

直径	下料尺寸				
	厚度				
	4	6	8	10	12
2300	2740	2750	2750	2760	2760
2400	2870	2880	2880	2890	2890

注：铁的相对密度：7.85；不锈钢的相对密度：7.93；封头的重量=下料尺寸的平方×厚度×相对密度。

二、筒节的展开和放样

筒节制造的一般过程为：原材料检验→划线→下料→边缘加工→卷制→纵缝装配→纵缝焊接→焊缝检验→矫圆→复检尺寸→装配。

筒节一般在卷板机上卷制而成，由于一般筒节的内径比壁厚要大许多倍，所以，筒节下料的展开长度 L，可用筒节的平均直径 D_p 来计算，即：

$$L = \pi D_p \tag{1-1}$$

$$D_p = D_g + \delta \tag{1-2}$$

式中　D_g——筒节的内径，mm；

δ——筒节的壁厚，mm。

筒节可采用剪切或半自动切割下料，下料前先划线，包括切割位置线、边缘加工线、孔洞中心线及位置线等，其中管孔中心线距纵缝及环缝边缘的距离不小于管孔直径的 0.8 倍，并打上样冲标记，图 1-7 为筒节划线示意图。这里需注意，筒节的展开方向应与钢板轧制的纤维方向一致，最大夹角应小于 $45°$。

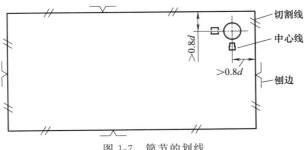

图 1-7　筒节的划线

中低压压力容器的筒节可在三辊或四辊卷板机上冷卷而成，卷制过程中要经常用样板检查曲率，卷圆后其纵缝处的棱角、径纵向错边量应符合技术要求。

筒节卷制好后，在进行纵缝焊接前应先进行纵缝的装配，主要是采用杠杆——螺旋拉紧器、柱形拉紧器等各种工装夹具来消除卷制后出现的质量问题，满足纵缝对接时的装配技术要求，保证焊接质量。装配好后即进行定位焊。筒节的纵环缝坡口是在卷制前就加工好的，焊前应注意坡口两侧的清理。

对于单层高压容器，由于壁较厚，筒节一般采用热弯卷加热矫正成形。由于加热时产生的氧化皮危害较严重，会使钢板内外表面产生麻点和压坑，所以加热前需涂上一层耐高温、抗氧化的涂料，防止卷板时产生缺陷；同时热卷时，钢板在辊筒的压力下会使厚度减小，减薄量为原厚度的 5%～6%，而长度略有增加，因此下料尺寸必须严格控制。始卷温度和终卷温度视材质而定。

三、容器的装配工艺

封头与筒体的装配可采用立装和卧装，当封头上无孔洞时，可先在封头外临时焊上起吊用吊耳（吊耳与封头材质相同），便于封头的吊装。卧装时如是小批量生产，一般采用手工装配的方法，如图1-8所示。装配时，在滚轮架上放置筒体，并使筒体端面伸出滚轮架外400～500mm，用起重机吊起封头，送至筒体端部，相互对准后横跨焊缝焊接一些刚性不太大的小板，以便固定封头与筒体间的相互位置。移去起重机后，用螺旋压板将环向焊缝逐段对准到适合的焊接位置，再用"Π形马"横跨焊缝用点固焊固定。批量生产时，一般是采用专门的封头装配台来完成封头与筒体的装配。封头与筒体组装时，封头拼接焊缝与相邻筒节的纵焊缝也应错开一定的距离。

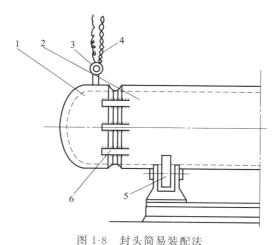

图1-8　封头简易装配法

1—封头；2—筒体；3—吊耳；4—吊钩；5—滚轮架；6—Π形马

四、球罐的制作工艺的下料及成形方法

1. 瓣片制造

球瓣的下料及成形方法较多。由于球面是不可展曲面，因此多采用近似展开下料。通过计算（常用球心角弧长计算法），放样展开为近似平面，然后压延成球面，再经简单修整即可成为一个瓣片，此法称为一次下料。还可以按计算周边适当放大，切成毛料，压延成形后进行二次划线，精确切割，此法称为二次下料，目前应用较广。如果采用数学放样，数控切割，可大大提高精度与加工效率。

对于球瓣的压形，一般直径小，曲率大的瓣片采用热压；直径大、曲率小的瓣片采用冷压。压制设备为水压机或油压机等。冷压球瓣采用局部成形法。具体操作方法是：钢板由平板状态进入初压时不要压到底，每次冲压坯料一部分，压一次移动一定距离，并留有一定的压延重叠面，这可避免工件局部产生过大的突变和折痕。当坯料返程移动时，可以压到底。

2. 支柱制造

球罐支柱形式多样，以赤道正切式应用最为普遍。

赤道正切支柱多数是管状形式，小型球罐选用钢管制成；大型球罐由于支柱直径大而长，所以用钢板卷制拼焊而成。如考虑到制造、运输、安装的方便，大型球罐的支柱制造时分成上、下两部分，其上部支柱较短。上、下支柱的连接，是借助一短管，使安装时便于对拢。

支柱接口的划线、切割一般是在制成管状后进行。划线前应先进行接口放样制样板，其划线样板应以管子外壁为基准。支柱制好后要按要求进行检查，合格后还要在支柱下部的地方，约离其端部 1500mm 处取假定基准点，以供安装支柱时测量使用。

3. 球罐的装配

球罐的装配方法很多，现场安装时，一般采用分瓣装配法。分瓣装配法是将瓣片或多瓣片直接吊装成整体的安装方法。分瓣装配法中以赤道带为基准来安装的方法运用得最为普遍。赤道带为基准的安装顺序是：先安装赤道带，以此向两端发展。它的特点是：由于赤道带先安装，其重力直接由支柱来支承，使球体利于定位，稳定性好，辅助工装少。图 1-9 所示是橘瓣式球罐分瓣装配法中以赤道带为基准的装配流程简图。

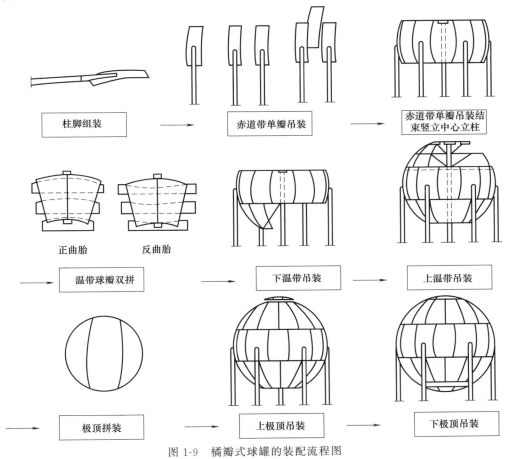

图 1-9　橘瓣式球罐的装配流程图

第三节　压力容器制作过程的划线与展开放样

一、结构图的特点

① 一般钢板与钢结构的总体尺寸相差悬殊，按正常的比例关系是难以表达，往往需要通过板厚来表达板材的相互位置关系或焊缝结构，因此在绘制板厚、型钢断面等小尺寸图形时，需按不同的比例画出来。

② 为了清楚表达焊缝位置和焊接结构，大量采用了局部剖视和局部放大视图，要注意

剖视和放大视图的位置和剖视的方向。

③ 为了表达板与板之间的相互关系，除采用剖视外，还大量采用虚线的表达方式，因此，图面纵横交错的线条非常多。

④ 连接板与板之间的焊缝一般不用画出，只标注焊缝代号。但特殊的接头形式和焊缝尺寸应该用局部放大视图来表达清楚，焊缝的断面要涂黑，以区别焊缝和母材。

⑤ 为了便于读图，同一零件的序号可以同时标注在不同的视图上。

二、结构图的读识方法

焊接结构施工图的读识一般按以下顺序进行：首先，阅读标题栏，了解产品名称、材料、重量、设计单位等，核对一下各个零部件的图号、名称、数量、材料等，确定哪些是外购件（或库领件），哪些为锻件、铸件或机加工件；再阅读技术要求和工艺文件，正式识图时，要先看总图，后看部件图，最后再看零件图；有剖视图的要结合剖视图，弄清大致结构，然后按投影规律逐个零件阅读，先看零件明细表，确定是钢板还是型钢；然后再看图，弄清每个零件的材料、尺寸及形状，还要看清各零件之间的连接方法、焊缝尺寸、坡口形状，是否有焊后加工的孔洞、平面等。

三、划线

1. 划线的基本规则

① 垂线必须用作图法。

② 用划针或石笔划线时，针尖应紧贴钢尺移动。

③ 圆规在钢板上划圆、圆弧或分量尺寸时，应先打上样冲眼，以防圆规尖滑动。

④ 平面划线应先画基准线，后按"由外向内，从上到下，从左到右"的划线原则划线。先画基准线，是为了保证加工余量的合理分布，划线之前应该在工件上选择一个或几个面或线作为划线的基准，以此来确定工件其他加工表面的相对位置。一般情况下，以底平面、侧面、轴线或主要加工面为基准。

2. 划线的分类

① 平面划线与几何作图相似，在工件的一个平面上划出图样的形状和尺寸，有时也可以采用样板一次划成。

② 立体划线是在工件的几个表面上划线，即在长、宽、高三个方向上划线。

3. 基本线型的划法

① 直线的划法。直线长不超过 1m 可用直尺划线。划针尖或石笔尖紧抵钢直尺，向钢直尺的外侧倾斜 15°～20°划线，同时向划线方向倾斜。

直线长不超过 5m 用弹粉法划线。弹粉线时把线两端对准所划直线两端点，拉紧使粉线处于平直状态，然后垂直拿起粉线，再轻放。若是较长线时，应弹两次，以两线重合为准；或是在粉线中间位置垂直按下，左右弹两次完成。

直线超过 5m 用拉钢丝的方法划线，钢丝取 $\phi 0.5 \sim 1.5 mm$。操作时，两端拉紧并用两垫块垫托，其高度尽可能低些，然后可用 90°角尺靠紧钢丝的一侧，在 90°下端定出数点，再用粉线以三点弹成直线。

② 圆弧的划法。放样或装配有时会碰上划一段直径为几米大圆弧，用一般的地规和盘尺可以划出，再大一些的圆弧则采用近似几何作图或计算法作图。

四、放样

1. 放样的工具

（1）放样台

放样台是进行实尺放样的工作场地，放样台要求光线充足，便于看图和划线。常用放样台有钢质和木质两种。

钢质放样台是用铸铁或由厚 12mm 以上的低碳钢板所制成，在钢板连接处的焊缝应铲平磨光，板面要平，必要时，在板面涂上带胶白粉，板下需用枕木或型钢垫高。

木质放样台为木地板，要求地板光滑，表面无裂缝，木材纹理要细、疤节少，还要有较好的弹性。为保证地板具有足够的刚度，防止产生较大的挠度而影响放样精度，地板厚度要求为 70～100mm，各板料之间必须紧密地连接，接缝应该交错地排列。表面要涂上二三道底漆，待干后再涂抹一层灰色的无光漆，以免地板反光刺眼，同时该面漆可对各种色漆都能鲜明地衬出。

（2）量具

放样使用的量具有钢卷尺、90°角尺、钢直尺、平尺等。

（3）其他工具

常用的工具有划针、圆规、地规、粉线等工具。

常见划线工具如图 1-10 所示。

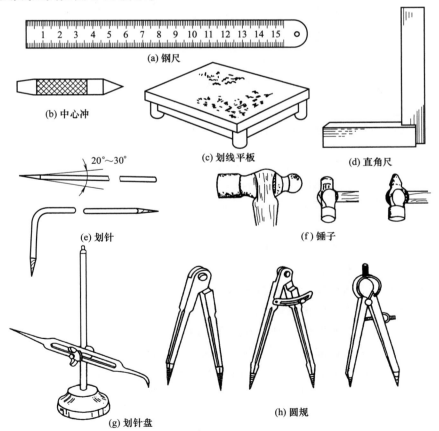

(a) 钢尺

(b) 中心冲

(c) 划线平板

(d) 直角尺

20°～30°

(e) 划针

(f) 锤子

(g) 划针盘

(h) 圆规

图 1-10　常见划线工具

2．放样方法

（1）实尺放样

根据图样的形状和尺寸，用基本的作图方法，以产品的实际大小划到放样台的工作称为实尺放样。

（2）展开放样

把各种立体的零件表面摊平的几何作图过程称为展开放样。

（3）计算机光学放样

用计算机光学手段（比如扫描），将缩小的图样投影在钢板上，然后依据投影线进行划线。

3．放样程序

放样程序一般包括结构处理、划基本线型和展开三个部分。

结构处理又称结构放样，它是根据图样进行工艺处理的过程。一般包括确定各连接部位的接头形式、图样计算或量取坯料实际尺寸、制作样板与样杆等。

划基本线型是在结构处理的基础上，确定放样基准和划出工件的结构轮廓。

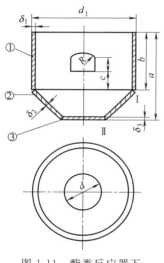

图 1-11　酯类反应器下壳体部件施工图

展开是对不能直接划线的立体零件进行展开处理，将零件摊开在平面上。

4．实尺放样过程举例

酯类反应器下壳体部件施工图如图 1-11 所示。

（1）划基本线型

① 确定放样画线基准。从该构件施工图看出，主视图应以中心线和炉上口轮廓为放样画线基准。准确地画出各个视图的基准线。

② 画出构件基本线型。件③在视图上反映的是实形，可直接在钢板上划出。这是一个直径为 d 的整圆。为了提高划线的效率，可以做一个件③的号料样板，样板上应注明零件编号、直径、材质、板厚、件数等参数，如图 1-11 所示。件①和件②因是立体形状，不能直接划出，需要进行展开放样。

（2）展开放样

计算弯曲展开长：件①是圆柱体，展开后是一矩形，最简单的办法是计算出矩形的长和宽即可划出。当弯曲件的板厚较小时，可直接按标注的直径或半径计算展开长；但当板厚大于 1.5mm 时，弯曲内外径相差较大，就必须考虑板厚对展开长度、高度以及相关构件的接口尺寸的影响。板厚越大，对这些尺寸的影响也越大。考虑钢板厚度而改变展开作图的图形处理称为板厚处理。

现将一厚板卷弯成圆筒，如图 1-12（a）所示。通过图可以看出纤维沿厚度方向的变形是不同的，弯曲后内缘的纤维受压而缩短，而外缘的纤维受拉而伸长。在内缘与外缘之间必然存在弯曲时既不伸长也不缩短的一层纤维，该层称为中性层，中性层的长度在弯曲过程中保持不变，因此可作为展开尺寸的依据，如图 1-12（b）所示。

一般情况下，可以将板厚中间的中心层作为中性层来计算展开料，但如果弯曲的相对厚度较大，即板厚而弯曲半径小，中心层会被拉长，计算出来的尺寸就会偏大。原因是中性层

已偏离了中心层所致,这时就必须按中性层半径来计算展开长了。中性层的计算公式如下:

$$R = r + k\delta \tag{1-3}$$

式中 R——中性层半径,mm;

　　　r——弯板内弯半径,mm;

　　　δ——钢板厚度,mm;

　　　k——中性层偏移系数,其值见表1-2。

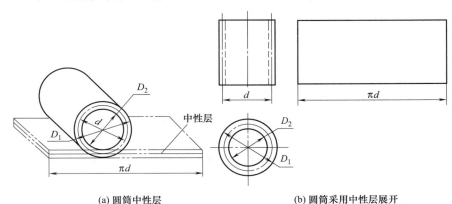

(a) 圆筒中性层　　　　　　　　　(b) 圆筒采用中性层展开

图 1-12　圆筒卷弯的中性层

表 1-2　中性层偏移系数

r/δ	1.0	1.2	1.5	2.0	3.0	4.0	5.0	>5.0
k	0.42	0.44	0.45	0.46	0.46	0.47	0.48	0.50

五、展开放样

可展曲面的展开放样:如图1-13所示,件②是圆锥台体,是一种可展开表面,即立体的表面如能全部平整地摊平在一个平面上,而不发生撕裂或皱褶,这种表面称为可展开表面。相邻素线位于同一平面上的立体表面都是可展表面,如柱面、锥面等。如果立体的表面不能自然平整地展开摊平在一个平面上,即称为不可展表面,如圆球和螺旋面等。可展曲面的展开方法有平行线法、放射线法和三角形法三种。

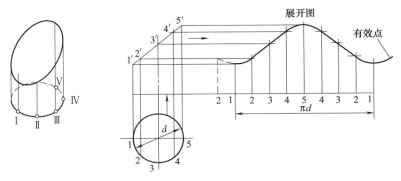

图 1-13　90°弯头的展开

1. 平行线展开法

展开原理是将立体的表面看做由无数条相互平行的素线组成,取两相邻素线及其两端点所围成的微小面积作为平面,只要将每一小平面的真实大小,依次顺序地画在平面上,就得到了立体表面的展开图，所以只要立体表面素线或棱线是互相平等的几何形体，如各种棱柱体、圆柱体等都可用平行线法展开。

图 1-13 为等径 90°弯头的一段，先作其展开图。

按已知尺寸画出主视图和俯视图，8 等分俯视图圆周，等分点为 1、2、3、4、5，由各等分点向主视图引素线，得到与上口线交点 1′、2′、3′、4′、5′，则相邻两素线组成一个小梯形，每个小梯形称为一个平面。

延长主视图的下口线作为展开的基准线，将圆周展开在展长线上得 1、2、3、4、5、4、3、2、1 各点。通过各等分点向上作垂线，与由主视图 1′、2′、3′、4′、5′上各点向右所引水平线对应点交点连成光滑曲线，即得展开图。

2. 放射线展开法

放射线法适用于立体表面的素线相交于上点的锥体。展开原理是将锥体表面用放射线分割成共顶的若干三角形小平面，求出其实际大小后，仍用放射线形式依次将它们画在同一平

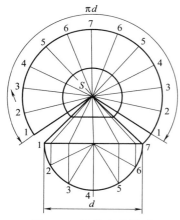

图 1-14　圆锥台的展开

面上，就得所求锥体表面的展开图。件②是一个圆锥台，可采用放射线展开法展开，图 1-14 是其展开过程。展开时，首先用已知尺寸画出主视图和锥底断面图（以中性层的尺寸画），并将底断面半圆周若干等分，如 6 等分；然后，过等分点向圆锥底面引垂线，得交点 1～7，由 1～7 交点向锥顶 S 连素线，即将圆锥面分成 12 个三角形小平面，以 S 为圆心 S-7 为半径画圆弧 1-1，得到底断面圆周长；最后连接 1-S 即得所求展开图。

3. 三角形展开法

三角形展开是将立体表面分割成一定数量的三角形平面，然后求出各三角形每边的实长，并把它的实形依次画在平面上，从而得到整个立体表面的展开图。

图 1-15 为一长方正四棱台，现作其展开图。

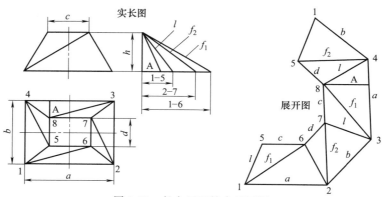

图 1-15　长方正四棱台展开图

画出四棱台的主视图和俯视图，用三角形分割台体表面，即连接侧面对角线。求 1-5、1-6、2-7 的实长，其方法是以主视图 h 为对边，取俯视图 1-5、1-6、2-7 为底边，作直角三角形，则其斜边即为各边实长。求得实长后，用画三角形的画法即可画出展开图。

然而，按上述方法展开下料后，发现高度 h 小了，与图纸要求尺寸不符合。说明该展

开法精度不高，不适合大尺寸工件的展开下料。分析其原因，是该展开图说明中少作了一条高度的辅助线，导致主视图高度成了斜边高度，自然矮了一截，加一条辅助线 A 才正确。

图 1-16 为南京某高职学院铆焊班学生在焊接实训室制作完成的展开下料并且冷作后焊接成形的实物样件，指导老师为本书作者。

图 1-16　展开下料并且冷作后焊接成形的实物样件

【例 1】　虾米弯头（又称虾壳弯）的展开放样

虾米弯头由若干个带斜截面的直管段组成，它有两个端节及若干个中节，端节为中节的一半，根据中节数的多少，虾米弯分为单节、两节、三节等；节数越多，弯头的外观越圆滑，对介质的阻力越小，但制作越困难。

（1）90°单节虾壳弯展开方法、步骤

90°单节虾壳弯展开图如图 1-17 所示。

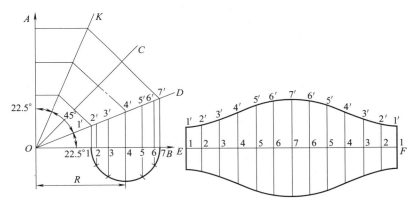

图 1-17　90°单节虾壳弯展开图

① 作 $\angle AOB = 90°$，以 O 为圆心，以半径 R 为弯曲半径，画出虾壳弯的中心线。

② 将 $\angle AOB$ 平分成两个 45°，即图中 $\angle AOC$、$\angle COB$，再将 $\angle AOC$、$\angle COB$ 各平分成两个 22.5°的角，即 $\angle AOK$、$\angle KOC$、$\angle COD$ 与 $\angle DOB$。

③ 以弯管中心线与 OB 的交点 4 为圆心，以 D/2 为半径画半圆，并将其 6 等分。

④ 通过半圆上的各等分点作 OB 的垂线，与 OB 相交于 1、2、3、4、5、6、7，与 OD 相交于 1′、2′、3′、4′、5′、6′、7′，直角梯形 11′77′就是需要展开的弯头端节。

⑤ 在 OB 的延长线的方向上，画线段 EF，使 $EF = \pi D$，并将 EF 12 等分，得各等分点 1、2、3、4、5、6、7、6、5、4、3、2、1，通过各等分点作垂线。

⑥ 以 EF 上的各等分点为基点，分别截取 11′、22′、33′、44′、55′、66′、77′线段长，画

在 EF 相应的垂直线上，得到各交点 1′、2′、3′、4′、5′、6′、7′、6′、5′、4′、3′、2′、1′，将各交点用圆滑的曲线依次连接起来，所得几何图形即为端节展开图。用同样方法对称地截取 11′、22′、33′、44′、55′、66′、77′后，用圆滑的曲线连接起来，即得到中节展开图。

（2）90°两节虾壳弯展开图

从展开图可以看出，其展开画法与单节虾壳弯的展开法相似，只是将∠AOB = 90°等分成 6 等份，即∠COB = 15°，其余请大家参考单节虾壳弯的展开画法。如图 1-18 所示。

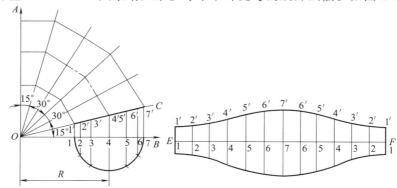

图 1-18　90°两节虾壳弯展开图

【例 2】　三通管的展开

（1）等径直交三通管展开图作图步骤

① 按已知尺寸画出主视图和断面图，由于两管直径相等，其结合线为两管边线交点与轴线交点的连线，可直接画出。

② 6 等分管Ⅰ断面半圆周，等分点为 1、2、3、4、3、2、1。由等分点引下垂线，得与结合线 1′-4′-1′的交点。

③ 画管Ⅰ展开图。在 CD 延长线上取 1—1 等于管Ⅰ断面圆周长度，并 12 等分。由各等分点向下引垂线，与由结合线各点向右所引的水平线相交，将各对应交点连成曲线，即得所求管Ⅰ展开图。

④ 画管Ⅱ展开图。在主视图正下方画一长方形，使其长度等于管断面周长，宽等于主视图 AB。在 $B'B''$线上取 4—4 等于断面 1/2 圆周。6 等分 4—4，等分点为 4、3、2、1、2、3、4，由各等分点向左引水平线，与由主视图结合线各点向下所引的垂线相交，将各对应交点连成曲线，即为管Ⅱ开孔实形。$A'B'B''A''$即为所求管Ⅱ展开图，如图 1-19 所示。

（2）异径直交三通管展开图作图方法和步骤

① 依据所给尺寸画出异径直交三通管的侧视图（主管可画成半圆），按支管的外径画半圆。

② 将支管上半圆弧 6 等分，标注号为 4、3、2、1、2、3、4。然后从各等分点向上、向下引垂直的平行线，与主管圆弧相交，得出相应的交点 4′、3′、2′、1′、2′、3′、4′。

③ 将支管图上直线 4-4 向右延长得 AB 直线，在 AB 上量取支管外径的周长（πD），并将之 12 等分，自左向右等分点的顺序标号是 1、2、3、4、3、2、1。

④ 由直线 AB 上的各等分点引垂直线，然后由主管圆弧上各交点向右引水平线与之相交，将对应点连成光滑曲线，即得到支管展开图（俗称雄头样板）。

⑤ 延长支管圆中心的垂直线，在此直线上以点 1°为中心，上下对称量取主管圆弧上的弧长，得交点 1°、2°、3°、4°、3°、2°、1°。

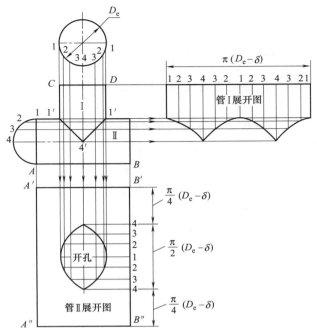

图 1-19　等径直交三通管展开图

⑥ 通过这些交点作垂直于该线的平行线，同时，将支管半圆上的 6 根等分垂直线延长，并与这些平行直线相交，用光滑曲线连接各交点，此即为主管上开孔的展开图样，如图 1-20 所示。

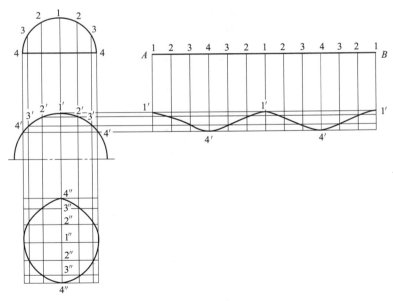

图 1-20　异径直交三通管展开图

（3）同径斜交三通管展开图作图方法和步骤（已知主管与支管交角为 α）

① 根据主管直径及相交角 α 画出同径斜三通的正面投影图（主视图）。

② 在支管的顶端画半圆并 6 等分，得各等分点 1、2、3、4、5、6、7，过各等分点作斜支管轴心线的平行线交支管与主管相交线于 1′、2′、3′、4′、5′、6′、7′。

③ 在支管直径 17 线段的延长线的方向上，作直线 $AB = \pi D$，并将其 12 等分，得各等分点 1、2、3、4、5、6、7、6、5、4、3、2、1。

④ 过 AB 线段的各等分点 1、2、3、4、5、6、7、6、5、4、3、2、1 作 AB 的垂线，再过主管与支管的相交点 1′、2′、3′、4′、5′、6′、7′作线段 AB 的平行线，依次对应于各点 1″、2″、3″、4″、5″、6″、7″，将交点用圆滑曲线连接起来，所得几何图形就是支管展开图（即雄头样板）。

⑤ 在主管右断面图上画半圆，由支管与主管的相交点 1′、2′、3′、4′向右引主管轴心线的平行线，将主管断面图的半圆分成 6 份，交于 a、b、c、d 点（此步也可省略）。

⑥ 在三通主管下面作一条线段 7°-1° 平行于三通主管轴心线，以 7°-1° 为中心上下依次截取 ab、bc、cd 的弧长，并作 7°-1° 的平行线段，再过 1′、2′、3′、4′、5′、6′、7′各点作三通主管轴线的垂直引下线，依次相交于 1°、2°、3°、4°、5°、6°、7°，将交点用圆滑曲线连接起来，所得几何图形就是主管开孔的展开图（即雌头样板），如图 1-21 所示。

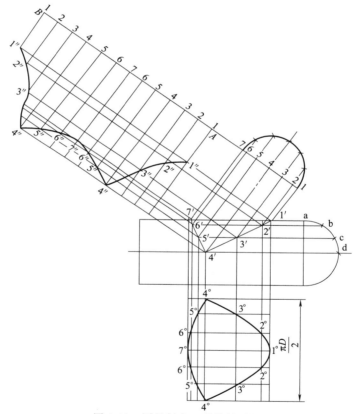

图 1-21　同径斜交三通管展开图

第四节　焊接结构件的材料弯曲成形与展开计算

一、板材的弯曲

（1）预弯

　　板材的弯曲通常是在卷板机上完成的，卷弯时只有钢板与上辊轴接触的部分才能得到弯曲，所以钢板的两端各有一段长度不能发生弯曲，这段长度称为剩余直边。剩余直边的大小与设备的弯曲形式有关，钢板弯曲时的理论剩余直边值见表 1-3。

表 1-3　钢板弯曲时的理论剩余直边值

设　备　类　型		卷　板　机			压力机
弯曲形式		对称弯曲	不对称弯曲		模具压弯
			三　辊	四　辊	
剩余直边	冷弯	$L/2$	$(1.5 \sim 2)\delta$	$(1 \sim 2)/\delta$	1.0δ
	热弯	$L/2$	$(1.3 \sim 1.5)\delta$	$(0.75 \sim 1)\delta$	0.5δ

　　注：L 为卷板机侧辊中心距；δ 为钢板厚度。

　　① 在压力机上用通用模具进行多次压弯成形，如图 1-22（a）所示。这种方法适用于各种厚度的板预弯。

　　② 在三辊卷板机上用模板预弯，如图 1-22（b）所示。这种方法适用于 $\delta \leqslant \delta_0/2$，$\delta \leqslant 24mm$，并不超过设备能力的 60%。

　　③ 在三辊卷板机上用垫板、垫块预弯，如图 1-22（c）所示。这种方法适用于 $\delta \leqslant \delta_0/2$，$\delta \leqslant 24mm$，并不超过设备能力的 60%。

　　④ 在三辊卷板机上用垫块预弯，如图 1-22（d）所示。这种方法适用于较薄的钢板，但操作比较复杂，一般较少采用。

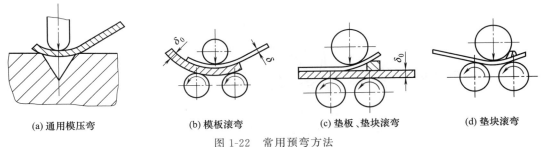

(a) 通用模压弯　　(b) 模板滚弯　　(c) 垫板、垫块滚弯　　(d) 垫块滚弯

图 1-22　常用预弯方法

　　（2）对中

　　对中的目的是使工件的素线与辊轴轴线平行，防止产生扭斜，保证滚弯后工件几何形状准确。对中的方法有侧辊对中、专用挡板对中、倾斜进料对中、侧辊开槽对中等，如图 1-23 所示。

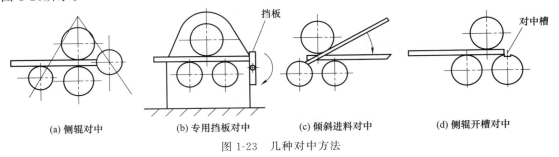

(a) 侧辊对中　　(b) 专用挡板对中　　(c) 倾斜进料对中　　(d) 侧辊开槽对中

图 1-23　几种对中方法

　　（3）滚弯

　　各种卷板机的滚弯过程见图 1-24。

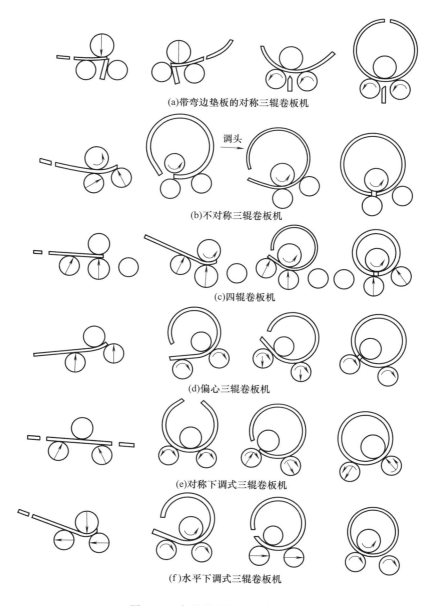

(a)带弯边垫板的对称三辊卷板机

(b)不对称三辊卷板机

(c)四辊卷板机

(d)偏心三辊卷板机

(e)对称下调式三辊卷板机

(f)水平下调式三辊卷板机

图 1-24　各种卷板机的滚弯过程

二、钢板展开长度计算

当弯曲件的板厚较小时，可直接按标注的直径或半径计算展开长；但当板厚大于1.5mm 时，弯曲内外径相差较大，就必须考虑板厚对展开长度、高度以及相关构件的接口尺寸的影响。板厚越大，对这些尺寸的影响也越大。考虑钢板厚度而改变展开作图的图形处理称为板厚处理。

现将一厚板卷弯成圆筒，如图 1-12（a）所示可以看出纤维沿厚度方向的变形是不同的，弯曲后内缘的纤维受压而缩短，而外缘的纤维受拉而伸长。在内缘与外缘之间必然存在弯曲时，既不伸长也不缩短的一层纤维，该层称为中性层，中性层的长度在弯曲过程中保持不变，因此可作为展开尺寸的依据，如图 1-12（b）所示。

一般情况下，可以将板厚中间的中心层作为中性层来计算展开料，但如果弯曲的相对厚度较大，即板厚而弯曲半径小，中心层会被拉长，计算出来的尺寸就会偏大，原因是中性层已偏离了中心层所致，这时就必须按中性层半径来计算展开长了。中性层的计算公式如下：

$$R = r + k\delta$$

式中　R——中性层半径，mm；

　　　r——弯板内弯半径，mm；

　　　δ——钢板厚度，mm；

　　　k——中性层偏移系数，其值见表 1-2。

三、型材的弯曲

各种型钢弯曲时的断面变形见图 1-25。

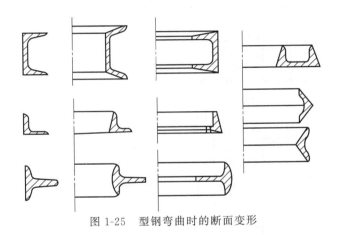

图 1-25　型钢弯曲时的断面变形

1. 手工弯曲

各类型材的手工弯曲法基本相同，现以角钢为例。角钢分外弯和内弯两种。角钢应在弯曲模上弯曲。由于弯曲变形和弯力较大，除小型角钢用冷弯外，多数采用热弯，加热的温度随材料的成分而定，必须避免温度过高而烧坏。为不使角钢边向上翘起，必须边弯边用手锤锤打角钢的水平边，直到所需要的角度。

2. 卷弯

型钢的卷弯可在专用的型钢弯曲机上进行。弯曲机的工作原理与弯曲钢板相同，工作部分采用 3 或 4 个滚轮。型钢也在卷板机上弯曲，卷弯角钢时把两根并合在一起并用点焊固定，弯曲方法与钢板相同。

在卷板机辊筒上可套上辅助套筒进行弯曲，套筒上开有一定形状的槽，便于将需要弯曲的型钢边先嵌在槽内，以防弯曲时产生皱褶。当型钢内弯时，套筒装在上辊，如图 1-26（a）所示，外弯时，套筒装在两个下辊上，如图 1-26（b）所示，弯曲的方法与钢板相同。

3. 回弯

将钢材的一端固定在弯模上，弯模旋转时钢材沿模具发生弯曲，这种方法称回弯。

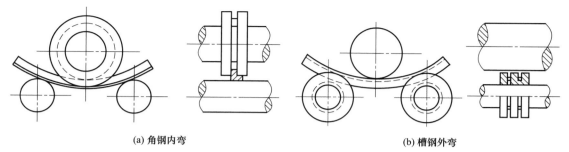

(a) 角钢内弯　　　　　　　　　　　　　　(b) 槽钢外弯

图 1-26　在三辊卷机上弯曲型钢

4. 压弯（又称为顶弯）

在压力机或撑直机上，利用模具进行一次或多次压弯，使钢材成形。在撑直机上压弯时，以逐段进给的方式加以弯曲。由于两支座间有一定的跨距，使型钢的端头不能支承而弯曲，为此可加放一垫板，随同垫板一起压弯，如图 1-27（a）所示。如果型钢的尺寸高出顶头，也可安放垫板进行压弯，如图 1-27（b）所示。

用模具压弯时，为防止钢材截面的变形，模具上应有与型钢截面相适应的型槽。

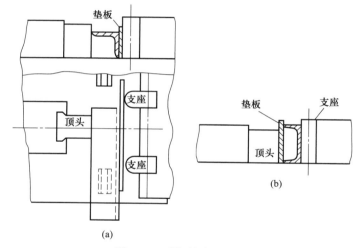

图 1-27　型钢端头的压弯

5. 拉弯

型钢用普通方法弯曲时，在型钢断面的外层纤维产生拉应力，内层纤维产生压应力。虽然此应力值可以超过屈服极限 δ_s，但卸载后型钢内层和外层纤维在相反的方向产生回弹（内层纤维的弹性变形为正，外层纤维的弹性变形为负），因此回弹较大。

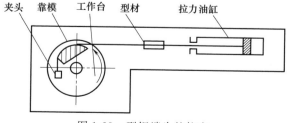

图 1-28　型钢端头的拉弯

拉弯的特点是：制作精度较高，模具设计时可以不考虑回弹值。一般只要用一个凸模，简化了设备结构。此外，由于型材不存在压应力，所以不会发生因受压而形成的皱褶，如图1-28 所示。

拉弯工作是在专用的拉弯设备上进行。图 1-28 为型钢拉弯机的结构示意图，它由工作台、靠模、夹头和拉力油缸等组成。

型钢两端由两夹头夹住，一个夹头固定在工作台上，另一个夹头因拉力油缸的作用，使钢材产生拉应力，旋转工作台型钢在拉力作用下沿靠模发生弯曲。

四、圆钢管弯曲料长展开计算

（1）直角弧度弯曲料长的展开计算

如图 1-29 所示，已知尺寸 A、B、d、R，则展开长度应是直段长度和圆弧长度之和。
展开长度为：

$$L = A + B - 2R + \frac{\pi(R + d/2)}{2} \tag{1-4}$$

式中　L——展开长度，mm；

　　　A——直段长度，mm；

　　　R——内圆角半径，mm；

　　　d——圆钢直径，mm。

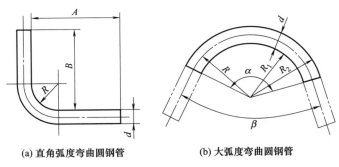

(a) 直角弧度弯曲圆钢管　　　　(b) 大弧度弯曲圆钢管

图 1-29　常用圆钢管弯曲计算

【例 3】　如图 1-29（a）所示，已知 $A = 400\text{mm}$，$B = 300\text{mm}$，$d = 20\text{mm}$，$R = 100\text{mm}$，求它的展开长度。

解：展开长度为

$$L = A + B - 2R + \frac{\pi(R + d/2)}{2}$$

$$L = 400 + 300 - 2 \times 100 + \frac{\pi(100 + 10)}{2} \approx 400 + 300 - 200 + 172.78$$

$$\approx 672.78 \text{（mm）}$$

（2）大弧度弯曲圆钢管的展开计算

如图 1-29（b）所示，已知尺寸 R_2、d、β，则展开长度为：

$$L = \pi R \times \frac{\alpha}{180°}$$

或

$$L = \pi R \times \frac{(180° - \beta)}{180°}$$

(1-5)

$$L = \pi \left(R_1 + \frac{d}{2} \right) \times \frac{\alpha}{180°}$$

$$L = \pi \left(R_2 - \frac{d}{2} \right) (180° - \beta) \times \frac{1}{180°}$$

【例4】 如图1-29（b）所示，已知尺寸 $R_2 = 400\text{mm}$、$d = 40\text{mm}$、$\beta = 60°$，求圆钢管的展开长度。

解：展开长度为

$$L = \pi (400 - 20) \times (180° - 60°) \times \frac{1}{180°} \approx 795.87 (\text{mm})$$

五、角钢展开长度的计算

角钢的断面是不对称的，所以中性层的位置不在断面的中心，而是位于角钢根部的重心处，即中性层与重心重合。设中性层离开角钢根部的距离为 z_0，z_0 值与角钢断面尺寸有关，可从有关型钢材料表格中查得。

等边角钢弯曲料长计算见表1-4。

表 1-4 等边角钢弯曲料长计算

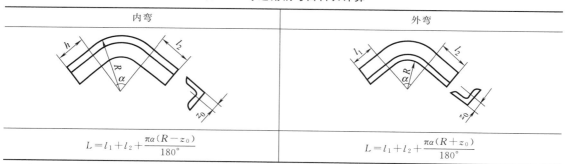

内弯	外弯
$L = l_1 + l_2 + \dfrac{\pi \alpha (R - z_0)}{180°}$	$L = l_1 + l_2 + \dfrac{\pi \alpha (R + z_0)}{180°}$

注：l_1、l_2 分别为角钢直边长度，mm；R 为角钢外（内）弧半径，mm；α 为弯曲角度，（°）；z_0 为角钢重心距，mm。

【例5】 已知等边角钢内弯，两直边 $l_1 = 450\text{mm}$，$l_2 = 350\text{mm}$，角钢外弧半径 $R = 120\text{mm}$，弯曲角度 $\alpha = 120°$，等边角钢为 $70\text{mm} \times 70\text{mm} \times 7\text{mm}$，求展开长度 L。

解：由相关资料查得 $z_0 = 19.9\text{mm}$

$$L = l_1 + l_2 + \frac{\pi \alpha (R - z_0)}{180°} = 450 + 350 + \frac{\pi 120° \times (120 - 100.1)}{180°} = 1009.5 (\text{mm})$$

【例6】 已知等边角钢外弯，两直边 $l_1 = 550\text{mm}$，$l_2 = 450\text{mm}$，角钢内弧半径 $R = 80\text{mm}$，弯曲角 $\alpha = 150°$，等边角钢为 $63\text{mm} \times 63\text{mm} \times 6\text{mm}$，求展开长度 L。

解：由相关资料查得 $z_0 = 17.8\text{mm}$

$$L = l_1 + l_2 + \frac{\pi \alpha (R + z_0)}{180°} = 550 + 450 + \frac{\pi 150° \times (80 + 17.8)}{180°} = 1255.9 (\text{mm})$$

六、样板检验

1. 样板的种类

① 按使用周期分类。分为单件使用样板、小批量使用样板、大批量使用样板。

② 按用途分类。分为生产用样板、划线样板、下料样板、靠试样板、精密构件样板、实形样板、检验用样板（分为非标准类和标准类）。

a. 非标准类样板。如平面直线样板、形位样板、外径尺寸样板、内径尺寸样板等。

b. 标准类样板。包括靠试样板，如检测平面平面度和垂直度的直尺、弯尺及刀口尺等；中心样板，如角度样板、刀样板等；螺纹样板，主要用来检测公、英制螺纹的螺距；圆弧样板，主要用来检测圆弧的直径等，如外径规、内径规，如图 1-30 所示。

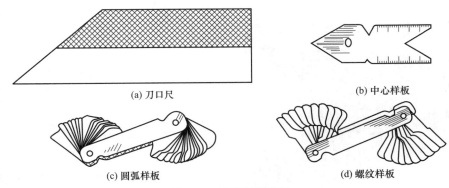

(a) 刀口尺　　　　　　　　　　(b) 中心样板

(c) 圆弧样板　　　　　　　　　(d) 螺纹样板

图 1-30　常用标准样板

2. 样板的制作方法

样板的制作方法为：划线—打好中心冲眼—做好板厚度处理，预留加工余量—裁料—切削精加工—检验。

3. 样板的使用及注意事项

① 使用样板划线时，应将划针与样板边缘向外、向前成30°倾斜角。

② 使用样板检测时，应把检测面与构件被检测部位贴紧，并且使检测样板整体与被检测面垂直。使用实形样板下料时，应把纸板摊平在板料上，避免因褶皱变形引起下料不准。

③ 应爱护样板，做到轻拿轻放，不得敲、打、挤、压；使用后应妥善保存样板，注意防腐、防锈、防变形。

第五节　焊接结构件制作过程的下料

一、手动压剪下料

如图 1-31 所示，可以手动剪出最大厚度 2mm 的钢板直线料和大外圆弧材料。如果是铝板下料，可以剪裁厚度达到 4mm 的展开材料。

二、锯割下料

锯割下料的工具有锯弓、台虎钳、多角度圆盘锯床。

① 锯弓和台虎钳。锯割可以分为手工锯割和机械锯割，手工锯割常用来切断规格较小

的型钢或锯成切口。经手工锯割的零件用锉刀简单修整后可以获得表面整齐、精度较高的切断面。

② 多角度圆盘锯床。主要用于锯切较粗的圆钢、钢管等，直径可达 132mm，调整适当的角度可以锯出 45°弯头料和各种度数的虾米弯头料，供机械加工车间和锻造车间用。在压力容器及其附属装置生产中应用也较多，由于其切口断面形状不变而且整齐，所以有时也用于切割小型型钢，如图 1-32 所示。

图 1-31　手动压剪

图 1-32　锯切下料

三、气割下料

1. 气割的操作过程

① 开始气割时，首先应点燃割炬，随即调整火焰。预热火焰通常采用中性焰或轻微氧化焰，如图 1-33 所示。

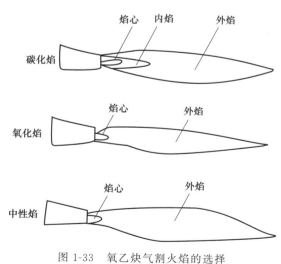

图 1-33　氧乙炔气割火焰的选择

② 开始气割时，必须用预热火焰将切割处金属加热至燃烧温度（即燃点），一般碳钢在纯氧中的燃点为 1100～1150℃，并注意割嘴与工件表面的距离保持 10～15mm，并使切割角度控制在 20°～30°，如图 1-34 所示。

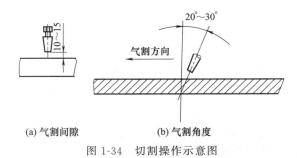

(a) 气割间隙   (b) 气割角度

图 1-34 切割操作示意图

③ 当切割氧气喷射至已达到燃点的金属时，金属便开始剧烈的燃烧（即氧化），产生大量的氧化物（熔渣），由于燃烧时放出大量的热，从而使氧化物呈液体状态。

④ 燃烧时所产生的大量液态熔渣被高压氧气流吹走。这样由上层金属燃烧时产生的热传至下层金属，使下层金属又预热到燃点，切割过程由表面深入整个厚度，直到将金属割穿。将割炬沿切割线以一定的速度移动，即可形成割缝，使金属分离。氧乙炔气割设备如图 1-35 所示。

2. 半自动气割机

行走在导轨上可以气割几米长的钢板，调整割嘴的角度还可以割出 V 形坡口。用大直径导轨和地规可以割出大圆弧钢板材料，如图 1-36 所示。

图 1-35 氧乙炔气体切割设备

图 1-36 半自动气割机

四、剪板机下料

如图 1-37 所示，龙门剪床主要用于剪切直线，它的刀刃比其他剪切机的刀刃长，能剪切较宽的板料，因此龙门剪床是加工中应用最广的一种剪切设备。Q11-13×2500 型剪板机型号的含义如下。

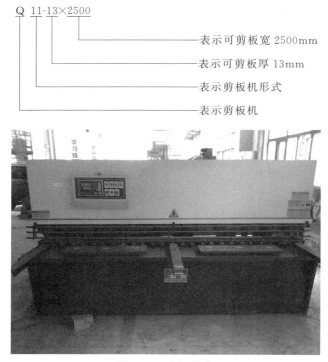

图 1-37　龙门剪床

五、数控切割

数控切割是利用电子计算机控制的自动切割，它能准确地切割出直线与曲线组成的平面图形，也能用足够精确的模拟方法切割其他形状的平面图形。数控切割的精度很高，其生产率也比较高，它不仅适用于成批生产，而且更适合于自动化的单位生产。数控气割是由数控气割机来实现的，该机主要由两大部分组成：数字程序控制系统（包括稳压电源、光电输入机、运算控制小型电子计算机等）和执行系统（即切割机部分）。

数控切割机的工作原理和程序是：首先对切割零件的图样进行分析，看零件图线是由哪几种线型组成，并分段编出指令。再将这些指令连接起来并确定出它的切割顺序，将顺序排成一个程序，输入给计算机。切割时，计算机将程序翻译并显示出编码，同时发出加工信息，由执行系统去完成，即按程序控制切割机进行切割，就可得到预定要求的切割零件。图1-38 为数控切割机的原理方框图。Ⅰ是输入部分，根据所切割零件的图样和按计算机的要

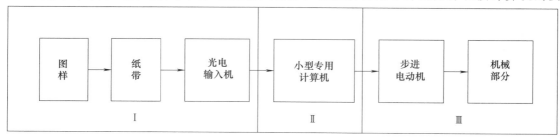

图 1-38　数控切割机工作原理方框图

求，将图形划分成若干个线段——程序，然后用计算机所能阅读的语言——数字来表达这些图线，将这些程序及数字打成穿孔纸带，通过光电输入机输送给计算机。Ⅱ是一台小型专用计算机，根据输入的程序和数字进行插补运算。从而控制Ⅲ（气割机），使割炬按所需要的轨迹移动。

数控切割机的能量可以是氧乙炔火焰、空气等离子弧以及超高压水射流，见图 1-39。

六、等离子弧切割

等离子弧切割是利用高温高速等离子弧，将切口金属及氧化物熔化，并将其吹走而完成切割过程。等离子弧切割属于熔化切割，这与气割在本质上是不同的，由于等离子弧的温度和速度极高，所以任何高熔点的氧化物都能被熔化并吹走，因此可切割各种金属。可以用于切割碳钢、不锈钢、铝镍、铜及其合金等金属和非金属材料，如图 1-40 所示。

图 1-39　切割能量

图 1-40　空气等离子弧切割设备

七、超高压水切割

超高压水切割又称水刀和水射流，它是将普通的水经过多级增压后所产生的高能量（380MPa）水流，再通过一个极细的红宝石喷嘴（$\phi 0.1 \sim 0.35$mm），以每秒近千米的速度喷射切割，这种切割方式称为超高压水切割。一般用于切割不锈钢和有色金属，其他行业用于切割大理石、瓷砖、玻璃、水泥制品塑料、布料、聚氨酯、木材、皮革、橡胶等材料，还有切割易燃易爆材料，如弹药和易燃易爆环境内的切割，这是其他加工方法无法取代的，如图 1-41 所示。

缺点是：水切割的运行成本较高，喷嘴、导流套、高压密封件都是进口的耗材，价格较贵。

超高压水切割机，最大的钢板切割厚度为 70mm，此时的切割速度约为 15mm/min；其切割的速度与切割厚度、被切割材料、粗糙度和磨料的选择有关；切割的粗糙度也与被切割材料、切割速度及磨料的选择有关。

最简单的超高压水切割机具备两个数控轴，由 CNC 控制 X-Y 做数控移动，并能实现 CAD/CAM 直接转换，真正做到免键盘输入，无图加工，只要是在 CAD 上画出的任意复杂曲线，都可以直接切割成形，如图 1-42 所示。

图 1-41　超高压水切割

图 1-42　由 CNC 控制 X-Y 做数控的移动水刀

　　水切割的切割精度介于 0.1～0.25mm 之间，其切割精度取决于机器的精度、切割工件的尺寸范围及切割工件的厚度和材质，通常机器的系统定位精度为 0.01～0.03mm。

　　水切割所用的磨料为石英砂、石榴石、河砂、金刚砂等。磨料的粒径一般为 40～70 目，磨料的硬度越高，粒径越大，切割能力也越强。

八、合理排料

　　合理用料需考虑的因素有以下几点。

　　① 加工构件的规格尺寸。

　　② 综合分析构件的形体情况，作为钣金加工材料采购时的依据，以避免造成材料的浪费。

　　③ 根据排料方式，选择裁料下料方式。

　　④ 合理用料还应考虑的一点是，应尽可能采用样板划线。

　　材料利用率的计算公式：

$$\lambda = \frac{A}{A_0} \times 100\% = \frac{F}{F_0} \times 100\% \tag{1-6}$$

式中　A_0——材料原面积，mm^2；

　　　　A——构件占用面积，mm^2；

　　　　F_0——材料原重量，kg；

　　　　F——构件占用重量，kg。

　　在实际生产中，排样方法可分为有废料排样、少废料排样和无废料排样三种，如图1-43所示。

(a) 有废料排样

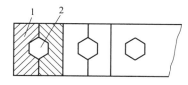

(b) 少废料排样

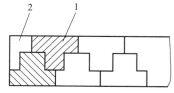

(c) 无废料排样

图 1-43　合理排料

1—零件；2—废料

排样时，工件与工件之间或孔与孔间的距离称为搭边。工件或孔与坯料侧边之间的余量，称为边距。图 1-44 中，b 为搭边，a 为边距。搭边和边距的作用是用来补偿工件在冲压过程中的定位误差的。同时，搭边还可以保持坯料的刚度，便于向前送料。生产中，搭边及边距的大小，对冲压件质量和模具寿命均有影响。若搭边及边距过大，材料的利用率会降低；若搭边和边距太小，在冲压时条料很容易被拉断，并使工件产生毛刺，有时还会使搭边拉入模具间隙中。

集中排料套裁法见图 1-45。

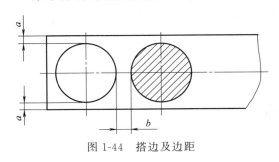

图 1-44 搭边及边距

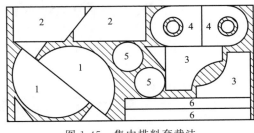

图 1-45 集中排料套裁法

思 考 题

一、填空题

1. 钢材预处理的目的是_____，预处理的方法有_____、_____、_____。可把钢材表面清理干净。

2. 化学除锈法一般有_____、_____两种方法。

3. 划线可分为_____、_____。

4. 放样有_____、_____、_____三种方法。

5. 放样程序一般包括_____、_____、_____三个步骤。

6. 金属下料一般有_____、_____两种方法。

7. 钢板滚弯由_____、_____、_____三个步骤组成。

8. 生产中常采用氧-乙炔火焰加热，应采用_____火焰。

二、简答题

1. 钢材（钢板、型钢）变形的原因是什么？

2. 如何对圆锥体、四棱台展开放样图？与正口拔梢体对比有什么不同？

3. 划线的基本原则是什么？

4. 什么叫放大样？放大样的程序是怎样的？

5. 机械下料有几种方法？并分别叙述之。

6. 简述钢材预处理方法的原理和应用范围。

第二章 ▶▶▶

压力容器等壳体结构的焊接生产

第一节 壳体结构件的焊接方法

一、焊条电弧焊

焊条电弧（代号 SMAW）焊是利用焊条与工件之间建立起来的稳定燃烧的电弧，使焊条和工件熔化，从而获得牢固焊接接头的工艺方法。焊接过程中，药皮不断地分解、熔化而生成气体及熔渣，保护焊条端部、电弧、熔池及其附近区域，防止大气对熔化金属的有害污染。焊条芯也在电弧热作用下不断熔化，进入熔池，组成焊缝的填充金属，如图 2-1 所示。

图 2-1　焊条电弧焊

焊条电弧焊是最常用的熔焊方法之一，它使用的设备简单、操作方便灵活，适应在各种条件下的焊接，特别适合于形状复杂的焊接结构的焊接。因此，焊条电弧焊仍然在国内外焊接生产中占据着重要位置。

一个优秀的焊工是非常不容易的，要经过很高成本的培训。手工操作着焊条，要求操作得非常稳，使它的弧长要保持一定距离，焊接电流要调节合适，焊条往前移动的速度要均匀，焊枪的角度要把握得准确等；同时用耳朵听声音，有经验的焊工就能听出来焊接过程是否平稳，飞溅是不是多了等；还要求焊工眼睛看着熔池，好的焊工能够观测熔池的形状，把握焊缝的成形，同时能观察熔池里边的一些反应，如果有夹渣夹在里面，好的焊工就能发现，能够通过一些手法把夹渣熔出来，因此，手工焊对焊工的要求是非常高的，同样一根焊条，同样一种材料，不同的焊工焊出来的效果可能会天差地别。

手工焊条焊接的方法，它最大的优点是具有非常高的灵活性，手工焊接可以平焊、横焊，还可以仰焊、立焊，立焊时可以从上往下焊，也可以从下往上焊。但是，这些不同位置、不同材料的焊接都需要采用不同的焊条。到目前为止，按照我国国家标准，能生产出来的焊条已经达到 300 多种。

二、埋弧自动焊

埋弧焊是一种非明弧焊接方法，由于焊接时电弧在焊剂下面燃烧，故又称焊剂下的电弧焊。

埋弧自动焊（代号 SAW）是 1940 年发明的一种焊接方法，它和前面的手工焊相同的地方是采用渣保护，但是这个渣不是焊条的药皮，而是专门熔炼出来的焊剂，如图 2-2 所示。这种焊剂由一个漏斗通过一根管道输送到待焊处不同之处是不采用焊条，而采用焊丝。用送焊丝的装置和焊丝盘，连续地送给焊丝，在可熔化的颗粒状的焊剂覆盖下引燃电弧，使焊丝、母材和焊剂的一部分熔化和蒸发构成一个空腔，电弧是在空腔里面稳定燃烧，所以把它称为埋弧自动焊。埋弧焊完全实现了自动化；同时它在焊剂覆盖下进行焊接，所以它的热交换和保护性能比较强，焊接出来的质量比较高；另外，它可以采用大电流，焊接效率比较高。我们国家进行的西气东输管道工程，管道是一种高强钢，这种管道在工厂里先预制成一段，然后再拿到工地上，在野外焊接，这种管道在工厂制作的焊接的工艺就是采用埋弧焊，现在埋弧焊已经发展成为不仅有双丝埋弧焊，还有多丝埋弧焊，效率进一步得到提高。

图 2-2 埋弧自动焊

埋弧焊工艺卡填写见表 2-1。

表 2-1 埋弧焊工艺卡

中压储气罐筒体环缝焊接	母材牌号及规格	焊接结构示意图
焊前准备： ① 清除焊缝两侧各 20mm 范围内油、锈等 ② 错边量不超过 1.2mm ③ 焊机型号：MZ-1-1000	材料：Q235 厚度：10mm	（焊接结构示意图：60°，10，2） 焊接结构示意图

续表

预热温度	无须	层间温度	—	焊后热处理	无须后热、消氢、消除应力				
焊接工艺参数									
层次	焊接方法	焊材牌号	焊材规格	极性	电流/A	电压/V	焊接速度/(m/h)	送丝速度/(m/h)	焊条(剂)烘烤/℃	保温时间/h
1	焊条电弧焊打底	J427	3.2	直流反接	110~130				350	2
2	埋弧焊	H08A-HJ431	4	直流反接	550~600	30~32	35	68	350	3
X射线探伤	不低于Ⅱ级片合格			外观检验	无裂纹、未熔合、夹渣,咬边深≤0.5,长≤10%焊缝总长					

编制:　　　　　　　　　　日期:

三、气体保护焊

焊条电弧焊和埋弧自动焊均采用熔渣实现熔池和焊缝金属的保护。20世纪四五十年代发现了气体保护焊(代号 GMAW、GTAW、GNAW)有更多的优越性。电弧的燃烧形成熔池,只要在电极的外面,通过焊嘴输送气体,就能起到熔池保护用。我们通常采用惰性气体,也就是氩气,因为氩气和其他一些元素都不发生任何化学反应,另一方面氩气比较重,它能够比较干净地排除掉空气,故焊缝质量高,无须焊后清渣工序,减轻了工人的劳动强度,但成本相对较高。目前在氩气中间加20%~30%的二氧化碳成为所谓"Active"气体,在这种活性气体作用下,能够使黑色金属在焊接的时候,焊缝看起来成形更美观。气体保护焊如图2-3所示。

图2-3　气体保护焊

碳钢焊接使用单一的二氧化碳气体保护焊,焊接效果也很理想。

气体保护焊的分类有以下几种。

① 钨极气体保护焊。简称 TIG 焊,代号 GTAW,适用于不锈钢、高强度合金钢和各种有色金属的焊接。

② CO_2 气体保护焊。代号 GNAW,适用于碳钢构件的焊接。

③ 熔化极惰性气体 Ar、He、Ar＋He、保护焊。简称 MIG 焊，代号 GMAW，适用于不锈钢、高强度合金钢和部分有色金属的焊接。

④ 熔化极氧化性混合气体 Ar ＋CO_2、Ar ＋CO_2＋ O_2 保护焊。简称 MAG 焊，代号 GMAW，适用于碳钢构件的焊接和小部分有色金属的焊接。

四、焊接机器人

采用机器人焊接是焊接自动化的革命性进步，它突破了传统的焊接刚性自动化方式，开拓了一种柔性自动化新方式。刚性自动化焊接设备一般都是专用的，通常用于中、大批量焊接产品的自动化生产，因而在中、小批量产品焊接生产中，焊条电弧焊仍是主要焊接方式，焊接机器人使小批量产品的自动化焊接生产成为可能。就目前的示教再现型焊接机器人而言，焊接机器人完成一项焊接任务，只需人给它做一次示教，它即可精确地再现示教的每一步操作，如要机器人去做另一项工作，无须改变任何硬件，只要对它再做一次示教即可，见图 2-4。因此，在一条焊接机器人生产线上，可同时自动生产若干种焊件。

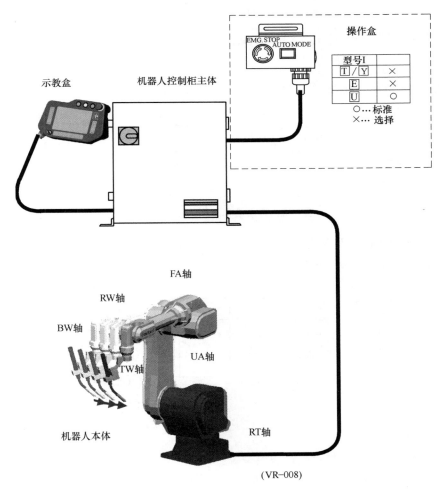

图 2-4　弧焊机器人系统的基本组成

目前，大型钢构件的大批量生产也大量使用了弧焊机器人。比如：中交山桥集团公司就使用了大型焊接机器人焊接港珠澳大桥的主体钢梁，实现了大型钢构件大批量高效率零缺陷的突破。

焊接机器人的主要优点如下。

① 易于实现焊接产品质量的稳定和提高，保证其均一性。

② 提高生产率，一天可 24h 连续生产。

③ 改善工人劳动条件，可在有害环境下长期工作。

④ 降低对工人操作技术难度的要求。

⑤ 缩短产品改型换代的准备周期，减少相应的设备投资。

⑥ 可实现小批量产品焊接自动化。

⑦ 为焊接柔性生产线提供技术基础。

第二节　焊接接头及其坡口形式

焊接接头：用焊接方法连接的不可拆接头，包括焊缝区、熔合区和热影响区。

一、焊接结构常用的接头形式

1. 常用接头形式

焊接结构常用的接头形式有对接接头、T 形接头、角接和搭接，见图 2-5。

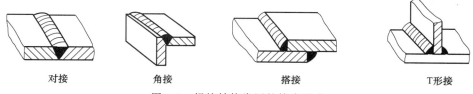

对接　　　　　角接　　　　　搭接　　　　　T形接

图 2-5　焊接结构常用的接头形式

2. 压力容器焊接接头及分类

压力容器焊接接头及分类如图 2-6 所示。

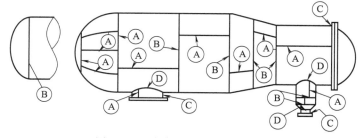

图 2-6　压力容器焊接接头及分类

A 类、B 类、C 类和 D 类焊接接头典型位置如下。

① A 类接头受力最大，采用对接接头（双面焊或是全焊透的单面焊）。

② B 类接头受力为 A 类的一半，采用对接接头（双面焊，也可采用带垫板的单面焊）。

③ C 类接头受力小，采用角焊缝。

④ D 类受力差，采用局部焊透的单面或双面角焊缝。

二、焊接坡口、间隙和钝边

为保证压力容器的焊缝全部焊透又无缺陷，当板厚超过一定厚度时，应将钢板开设坡口，其作用如下。

① 使焊条、焊丝、焊炬伸入坡口底部，保证焊透。

② 便于脱渣。

③ 便于摆动，实现良好熔合。

④ 间隙，根部焊透。

⑤ 钝边，防止烧穿。

坡口的基本形式和尺寸，已经标准化。无特殊要求均按 GB/T 985.1—2008《气焊、手工电弧焊、气体保护焊和高能束焊的推荐坡口》选用，如表 2-2 所示。

表 2-2　坡口的基本形式和尺寸

序号	焊缝名称	焊接接头及坡口形式和尺寸
1	单面 I 形焊缝	
2	I 形焊缝	
3	V 形焊缝（不作封底焊）	
4	单边 V 形焊缝（不作封底焊）	
5	U 形焊缝（不作封底焊）	
6	V 形、U 形焊缝的根部不挑根的封底焊缝	
7	V 形、U 形焊缝的根部挑根封底焊缝	

续表

序号	焊缝名称	焊接接头及坡口形式和尺寸
8	保留钢垫板的 V 形焊缝	
9	X 形焊缝（坡口对称）	
10	K 形对接焊（坡口对称）	

三、对接焊缝、角焊缝几何形状参数

对接焊缝、角焊缝几何形状参数如图 2-7 所示。

焊缝成形系数计算式为：

焊缝成形系数＝c/s。

焊缝成形系数决定了焊缝的形状。焊缝成形系数小，则焊缝深而窄，焊缝中心会产生杂质，抗热裂纹性能差，埋弧自动焊焊缝成形系数要大于 1.3。

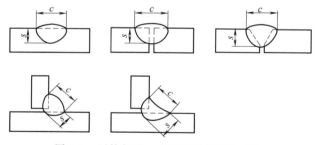

图 2-7　对接焊缝、角焊缝几何形状参数

第三节　焊接图样、符号及其标注

焊接图样是焊接加工时要求的一种图样。焊接图应将焊接件的结构和焊接有关的技术参数表示清楚。国家标准中规定了焊缝的种类、画法、符号、尺寸标注方法以及焊缝标注方法。常用的焊接方法有电弧焊、电阻焊、气焊、钎焊，其中以电弧焊应用最广。

一、常见焊缝的规定画法

在视图中，可见焊缝用细栅线（允许徒手绘制）表示，也允许用特粗线（2d～3d）表示，但同一图样中，只允许采用一种表达方法。在剖视图或断面图中，焊缝可涂黑表示，如图 2-8 所示。

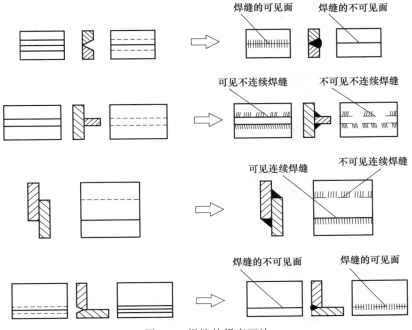

图 2-8　焊缝的规定画法

对于常压、低压设备，剖视图中的焊缝按接头形式画出焊缝断面，断面可涂黑表示；视图中焊缝可省略不画，如图 2-9 所示。某些重要的焊缝，需要局部放大图，详细表示焊缝结构的形状和有关尺寸。

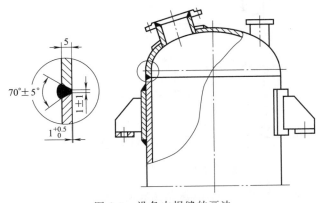

图 2-9　设备中焊缝的画法

对于中压、高压设备或设备上某些重要的焊缝，需要局部放大图，详细表示焊缝结构的形状和有关尺寸。

二、焊缝的标注

当焊缝分布较简单时，可不必画焊缝，只在焊缝处标注焊缝代号即可。

焊缝代号由基本符号与指引线组成，必要时可以加上辅助符号、补充符号、焊接方法的数字代号和焊缝的尺寸符号。

① 基本符号。是表示焊缝横断面形状的符号，表 2-3 列出了常用焊缝的基本符号。

表 2-3　焊缝的基本符号（GB/T 324—2008）

名称	图形符号	示意图	名称	图形符号	示意图
I 形焊缝	||		带钝边 单边 焊缝	Y	
V 形焊缝	V		带钝边 U 形焊缝	Y	
单边 V 形焊缝	V		带钝边 J 形焊缝	P	
带钝边 V 形焊缝	Y		角焊缝	△	

② 辅助符号。是表示焊缝表面形状特状的符号，表 2-4 列出了焊缝辅助的符号。

表 2-4　焊缝辅助符号及标注示例（GB/T 324—2008）

名称	图形符号	示意图	说明
平面符号	——		焊缝表面平齐(一般通过加工)
凹面符号	⌣		焊缝表面凹陷
凸面符号	⌢		焊缝表面凸起

③ 焊缝补充符号。是为了补充说明焊缝某些特征而采用的符号，见表 2-5。

表 2-5　焊缝补充符号及标注示例（GB/T 324—2008）

名称	示意图	符号	说明
带垫板符号		☐	表示焊缝底部有垫板
三面焊缝符号		Ｅ	表示三面焊缝和开口方向

续表

名称	示意图	符号	说明
周围焊缝符号		○	表示环绕工件周围焊缝
现场符号			表示在现场或工地上进行焊接

④ 焊接方法的数字代号。焊接的方法很多，表 2-6 列出了常用焊接方法的数字代号。

表 2-6　常用焊接方法数字代号（GB/T 5185—2005）

名称	焊接方法
电弧焊	1
焊条电弧焊	111
埋弧焊	12
熔化极惰性气体保护焊（MIG）	131
钨极惰性气体保护焊（TIG）	141
压焊	4
超声波焊	41
摩擦焊	42
扩散焊	45
爆炸焊	441

⑤ 焊缝尺寸符号。是表示坡口和焊缝各特征尺寸的符号，其示例见表 2-7。

表 2-7　表示坡口和焊缝各特征尺寸的符号

符号	名称	示意图	符号	名称	示意图
δ	板材厚度		h	焊缝余高	
c	焊缝宽度		s	焊缝有效厚度	
b	根部间隙		N	相同焊缝数量符号	$N=4$
K	焊角高度		e	焊缝间距	
p	钝边高度		l	焊缝长度	
d	焊点直径		R	根部半径	
a	坡口角度		H	坡口高度	

　　焊缝的指引线一般由箭头线和基准线（一条实线、一条虚线）组成。箭头线用细实线绘制，其箭头指向焊缝处，如图 2-10 所示。基准线一般应与图样的底边相平行，当需要表示焊接方法时，可在基准线末端增加尾部符号。常见焊缝完整标注示例见表 2-8。

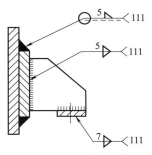

图 2-10　焊缝代号的标注

表 2-8　焊缝完整标注示例（GB 324—2008）

接头形式	焊缝形式	标注实例	说明
对接接头	60° 10 2	60° 2 10 ∨ 4×100 ⊲ 12	表示板厚 10mm，对接缝隙 2mm，坡口角度 60°，4 条焊缝，每条焊缝长 100mm，采用埋弧焊
T 形接头	4 4	4	表示在现场装配时进行焊接，表示双面角焊缝，焊脚尺寸为 4mm
	60　65　4	4 ▷ 12×60 Z (65)	焊脚尺寸为 4mm 的双面角焊缝，有 12 条断续焊缝，每段焊缝长度为 60mm，焊缝间隙为 65mm，"Z"表示两面断续焊缝交错

思　考　题

1. 压力容器焊接方法有几种？其中气体保护焊为什么用氩气也用二氧化碳气，还有混合气？
2. 压力容器制造中常用金属材料有哪些？
3. 常用的焊接接头形式有几种？压力容器的焊接接头及分类有几种？
4. 当板厚超过一定厚度焊接时，应开出坡口，其作用是什么？
5. 坡口的基本形式和尺寸根据什么标准选用？
6. 写出 8 种焊缝的名称及其图形符号。
7. 写出焊接方法的数字代号。
8. 写出对接接头和 T 形接头的焊缝完整标注示例。

第三章 ▶▶▶

焊接接头组织性能和焊接缺陷

第一节　焊接接头组织性能

焊接接头包括：焊缝区、熔合区和热影响区（见图3-1）。

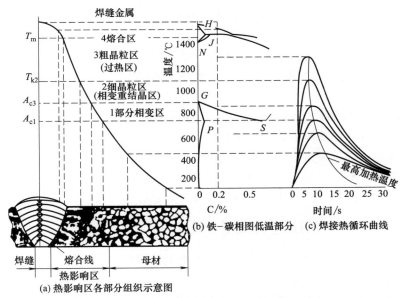

图 3-1　焊接热影响区各部分被加热的温度范围和铁-碳合金相图的关系

一、焊缝区

焊缝区是接头金属及填充金属熔化后，又以较快的速度冷却凝固后形成。焊缝组织是从液体金属结晶的铸态组织，晶粒粗大，成分偏析，组织不致密。但是，由于焊接熔池小，冷却快，化学成分控制严格，碳、硫、磷都较低，还通过渗合金调整焊缝化学成分，使其含有一定的合金元素，因此，焊缝金属的性能问题不大，可以满足性能要求，特别是强度容易达到。

焊缝区的缺陷如下。

① 铸造缺陷如气孔夹渣、偏析、晶粒粗大等缺陷，导致其韧性、塑性比母材差。

② 焊缝中的夹杂。焊缝中易生成氧化物和硫化物等颗粒，由于结晶过程凝固速度较快，来不及浮出而残存于焊缝内部，对焊缝危害较大。

③ 焊缝中的偏析。化学成分不均匀。

④ 焊缝中的杂质元素。包括硫和磷，硫和磷易促成热裂纹。

一般情况下，等强度焊接材料焊接的焊缝金属强度大于母材强度；特别是低强度钢焊缝金属的屈服强度明显高于母材，但延伸率（塑性）和韧性却低于母材。特别是低温韧性下降。

二、熔合区

熔合区是熔化区和非熔化区之间的过渡部分。熔合区化学成分不均匀，组织粗大，往往是粗大的过热组织或粗大的淬硬组织。熔合区具有"两高一低"的特点：残余应力和硬度高，韧性低。在熔合线附近往往具有接头最高的硬度和最低的韧性，是脆性断裂和焊接裂纹的发源地，故为焊接接头的最薄弱的环节。

三、热影响区

热影响区（HAZ）是被焊缝区的高温加热造成组织和性能改变的区域。存在：热影响区硬化；焊接热影响区脆化（晶粒粗大）；焊接热影响区软化。

低碳钢热影响区有以下几个区域。

① 过热区（粗晶区）。晶粒粗大，强度高，塑性低。

② 正火区（细晶区、相变重结晶区）。强度高，韧性塑性好，是焊接接头综合性能最好的区域。

③ 部分相变区。（晶粒大小不均匀）力学性能不好，强度有所下降。

综上所述，熔合区和热影响区中的过热区（或淬火区）是焊接接头中力学性能最差的薄弱部位，会严重影响焊接接头的质量。

所以，在焊接过程中，焊接区出现了许多有别于母材的变化，比如上面所讲的焊接接头组织、性能的变化。此外，除了组织、性能变化外，还存在焊接缺陷、焊接应力和变形。

四、影响焊接接头性能的因素

焊接接头的力学性能取决于它的化学成分和组织。因此，影响焊缝化学成分和焊接接头组织的因素，都影响焊接接头的性能。

① 焊接材料。手工电弧焊的焊条、埋弧自动焊和气体保护焊等用的焊丝，熔化后成为焊缝金属的组成部分，直接影响焊缝金属化学成分。焊剂也影响焊丝的化学成分。

② 焊接方法。不同焊接方法的热源，其温度高低和热量集中程度不同。因此，热影响区的大小和焊接接头组织粗细都不相同，接头的性能也就不同。此外，不同焊接方法，机械保护效果也不同。因此，焊缝金属纯净程度（即有害杂质含量）不同，焊缝的性能也会不同。

③ 焊接工艺。焊接时，为保证焊接质量而选定的物理量（例如焊接电流、电弧电压、焊接速度、线能量等）的总称，叫焊接工艺参数。

第二节　焊接缺陷

焊接过程中在焊接接头处产生的金属不连续、不致密或连接不良的现象称为焊接缺陷。

严重的焊接缺陷将影响产品结构和使用安全。焊接缺陷按其在焊缝中的位置可以分为内部缺陷和外部缺陷两大类。外部焊接缺陷位于焊缝的外表面，用肉眼或低倍放大镜可以看到；内部焊接缺陷位于焊缝内部，需用无损探伤或者破坏性试验才能检验。

一、常见的外部缺陷

① 焊缝尺寸不符合要求。焊缝尺寸不符合要求是指焊缝高低不平、宽窄不齐、尺寸过大或过小，见图 3-2。

a. 产生的原因有：焊件坡口开得不当或装配间隙不均匀；焊接工艺参数选择不当。

b. 防止的方法有：熟练的操作技能；合理选择焊接参数；保证焊件装配质量。

c. 缺点：外表不美观，尺寸不符合要求，降低焊缝质量。

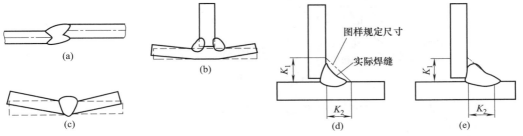

图 3-2 焊缝尺寸不符合要求

② 未焊透。未焊透是指焊接接头根部未完全焊透。

产生的原因有：坡口角度过小，装配间隙过小或钝边过大；电流太小，焊速过快，电弧过长。

③ 咬边。产生的原因是电流过大或速度过快，导致承载厚度减小，承载能力下降。

④ 弧坑。产生的原因是收弧措施不当，应该回焊十几毫米或者点焊 3～5 次。

⑤ 焊瘤。产生的原因是电流过大，间隙过大等，见图 3-3。

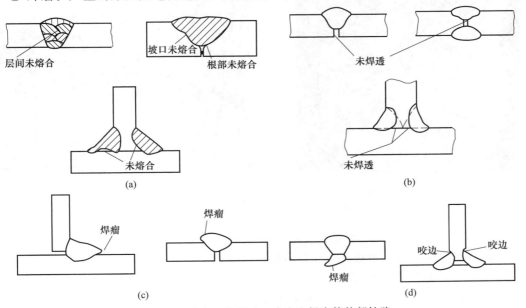

图 3-3 未熔合、未焊透、咬边和焊瘤等外部缺陷

二、常见的内部缺陷

① 气孔。

气体来源 $\begin{cases} 空气：N_2，H_2 \\ 焊条：H_2O \\ 工件：锈蚀物，油污 \end{cases}$

② 夹渣。包括焊渣、锈蚀物见图 3-4。还有钨极氩弧焊时，钨棒误触工件而产生的夹钨。

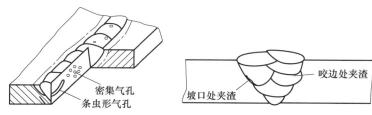

图 3-4　气孔和夹渣

③ 裂纹。危害性最大的缺陷：未焊透、未熔合对疲劳强度危害性大，咬边危害性次之，气孔、夹渣危害性又次之。

三、焊接裂纹

1. 裂纹种类

（1）热裂纹

高温下产生，沿奥氏体晶界开裂。多存在于焊缝中心长度方向。过热组织，晶粒粗大，由于拉应力作用易产生裂纹，见图 3-5、图 3-6。热裂纹影响因素：化学成分影响最为突出。

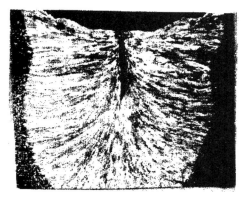

图 3-5　焊缝中的结晶裂纹
（埋弧焊 15MnVN，焊丝 06MnMo）

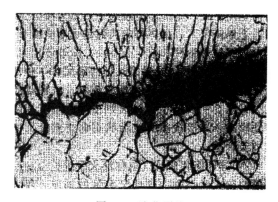

图 3-6　液化裂纹
（TIG 焊因科镍尔合金，显微放大 500 倍）

① S 和 P。由于 S 和 P 形成低熔点共晶体。
② 碳。易促使 S 和 P 形成低熔点共晶体。
③ 镍。与 P 易形成低熔点共晶体。
④ 硅。含量小于 0.4%，有利于消除热裂纹，反之有增加热裂纹的倾向。
⑤ 锰。具有脱硫作用，提高抗裂性。

措施：控制 S、P 含量；采用碱性焊条；预热，以减小焊接应力。

（2）冷裂纹

马氏体转变温度（200～300℃）下产生（冷却速度快），多存在于热影响区或熔合线上，见图 3-7。

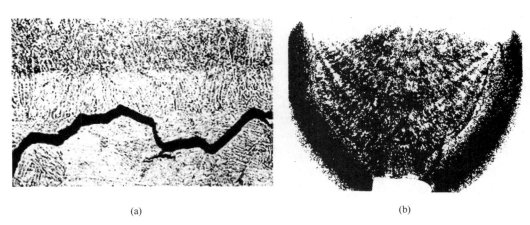

（a）　　　　　　　　　　　　　　　　（b）

图 3-7　热影响区的延迟裂纹

冷裂纹影响因素：钢的淬硬程度、焊接接头中的扩散氢含量和拘束应力等。

措施：①使用低氢焊条。

② 焊后热处理可消除焊接应力。

③ 前预热，降低冷却速度，以防止淬硬组织的生成。

（3）再热裂纹

焊后，焊件在一定温度范围内再次加热（消除应力热处理或其他加热过程）而产生的裂纹叫再热裂纹。

2. 裂纹产生的原因

再热裂纹一般发生在含 V、Cr、Mo、B 等合金元素的低合金高强度钢、珠光体耐热钢及不锈钢中，经受一次焊接热循环后，再加热到敏感区域（550～650℃范围内）而产生的。这是由于第一次加热过程中过饱和的固溶碳化物（主要是 V、Mo、Cr、碳化物）再次析出，造成晶内强化，使滑移应变集中于原先的奥氏体晶界，当晶界的塑性应变能力不足以承受松弛应力过程中的应变时，就会产生再热裂纹。裂纹大多起源于焊接热影响区的粗晶区。再热裂纹大多数产生于厚件和应力集中处，多层焊有时也会产生再热裂纹。

3. 防止措施

在满足设计要求的前提下，选择低强度的焊条，使焊缝强度低于母材。应力在焊缝中松弛，应避免热影响区产生裂纹；尽量减少焊接残余应力和应力集中；控制焊接热输入，合理地选择热处理温度，尽可能地避开敏感区范围的温度。

4. 主要影响因素

① 合金元素有 Cr、Mo、V、Nb、Ti。

② 焊接残余应力。

措施 $\begin{cases}\text{减小焊接应力,进行预热和焊后热处理} \\ \text{采用低强度焊条} \\ \text{控制化学成分 Mo、V 元素导致再热裂纹}\end{cases}$

第三节　焊接变形与焊接应力

自由杆件受热变形时,由于杆件不受约束,冷却后杆件恢复到原长,杆件不会产生残余变形和残余应力。焊接过程中,由于工件局部加热,受热不均匀,变形不一致,相互之间产生制约,杆件冷却后就可能产生残余变形和应力。加热时,焊缝产生压缩变形和压应力,两侧产生拉伸变形和拉应力。冷却时,焊缝产生拉伸变形和拉应力,两侧产生压缩变形和压应力。

一、焊接变形

由于温度变化导致膨胀收缩不一致,一般表现为收缩变形。

1. 焊接变形的种类

焊接变形的几种基本形式如图 3-8 所示,包括以下几类。

① 纵向和横向变形。

② 角变形。焊缝冷却后拉应力作用。

③ 弯曲变形。焊缝分布与构件几何中心不对称。

④ 波浪变形。薄板失稳,刚性不足。

⑤ 扭曲变形。扭曲变形是综合变形的结果。

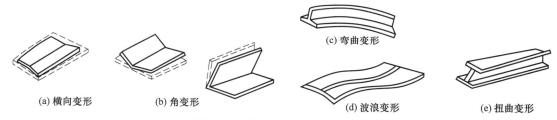

(a) 横向变形　　(b) 角变形　　(c) 弯曲变形　　(d) 波浪变形　　(e) 扭曲变形

图 3-8　焊接变形的几种基本形式

2. 减小焊接变形的措施

减少焊接变形(工艺方面)的措施如图 3-9 所示。

设计方面 $\begin{cases}\text{尽量减少焊缝} \\ \text{焊缝对称分布:双 X 形,双 U 形坡口(厚板焊接)}\end{cases}$

工艺方面 $\begin{cases}\text{反变形法} \\ \text{刚性夹持——应力增加} \\ \text{减小焊接过程中的温差} \\ \text{减小焊接变形}\end{cases}$

焊后处理:矫形。

3. 焊件残余变形的矫正

(1) 机械矫正

机械矫正法就是利用机器或工具来矫正焊接变形。具体地说,就是用千斤顶、拉紧

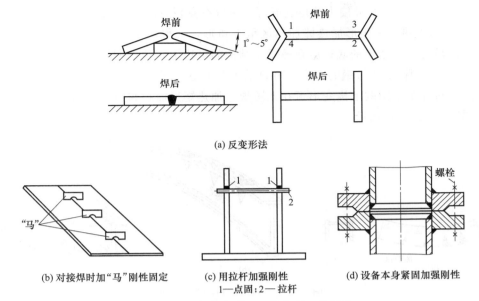

(a) 反变形法

(b) 对接焊时加"马"刚性固定　(c) 用拉杆加强刚性　(d) 设备本身紧固加强刚性
　　　　　　　　　　　　　1—点固；2—拉杆

图 3-9　减小焊接变形（工艺方面）的措施

器、压力机等将焊件顶直或压平，见图 3-10。当薄板结构的焊缝比较规则时，采用碾压法消除焊接变形效率高，质量好，具有很大的优越性。由于其易使焊件产生冷作硬化变脆，并产生附加应力，一般用于塑性比较好的材料及形状简单的焊件变形不大的小型结构件。

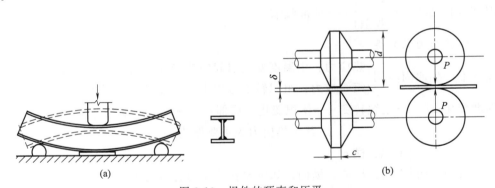

(a)　　　　　　　　　　　　　　　　(b)

图 3-10　焊件的顶直和压平

（2）火焰矫正

加热位置、加热方法、加热温度会影响到火焰矫正的效果。

① 点状加热。如图 3-11 所示，薄板结构采用点状加热来矫正波浪变形。加热点的数目也能够根据焊件的结构形状和变形情况而定。对于厚板，加热点的直径 d 应大些。

② 线状加热。火焰沿支线缓慢移动或同时横向摆动，形成一个加热带的加热方式，称为线状加热。线状加热可用于矫正波浪变形、角变形和弯曲变形

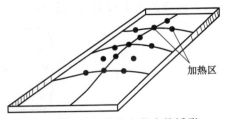

图 3-11　薄板结构点状火焰矫形

等，如图 3-12（c）中 T 形接头的角变形可以采取在翼板背面加热来解决。

③ 三角形加热。三角形加热即加热区呈三角形，一般用于矫正刚度大、厚度较大的弯曲变形。加热时，三角形的底边应在被矫正结构的拱边上，顶端朝焊件的弯曲的方向，如图 3-12（a）中非对称的 Π 形钢的旁弯，可以采用在上下盖板的外弯侧加热三角形面积的办法来矫正。非对称工字梁的上挠变形可在上盖板上加热矩形面积和腹板上部加热三角形面积来矫正，如图 3-12（b）所示。

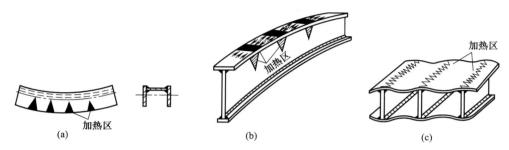

图 3-12　三角形加热和线状加热

二、焊接应力

（1）焊接应力的本质

焊接变形受阻。

$$温度变化\ \Delta t \longrightarrow \begin{Bmatrix} 膨胀 \\ 收缩 \end{Bmatrix} \longrightarrow 局部收缩$$

（2）焊接应力的分类

$$按变形产生原因不同 \begin{cases} 热应力：由温度变化引起的热胀或收缩不一致引起的应力 \\ 组织应力：组织转变过程中导致焊缝金属膨胀或收缩引起的应力 \end{cases}$$

$$温度变化\ \Delta t \longrightarrow 组织转变 \longrightarrow 体积变化（局部） \longrightarrow 组织应力$$

其中热应力为主要形式

$$按应力的方向 \begin{cases} 单向：横向 \\ 双向：纵向、横向，如中厚板（压力容器用板） \\ 三向：厚板，如高压容器 \end{cases}$$

（3）圆筒纵向焊缝应力分布

在圆筒或圆锥壳体中引起的残余应力分布类似于平板对接，如图 3-13 所示，但焊接残余应力的峰值比平板对接焊要小。

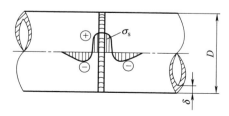

图 3-13　圆筒环焊缝纵向残余应力分布

（4）焊接应力的危害

焊接应力是焊接裂纹的根源、也是破坏的根源，难以消除，但应尽量减小焊接应力。

焊接接头较为薄弱，一旦受到焊接应力作用，产生裂纹——断裂破坏的根源。

（5）减小（和消除）焊接应力的措施

设计方面 $\begin{cases} 避免焊缝交叉 \\ 相邻焊缝错开 \\ 等厚连接 \end{cases}$

避免焊接应力叠加而导致应力峰值增大 $\begin{cases} 减小焊缝变形 \\ 减小阻力（如焊接结构的刚性） \\ 施加外力使变形自由进行 \\ 焊后热处理 \\ 减小应力峰值 \end{cases}$

（6）工艺方面减小焊接应力的措施

① 采用合理的焊接顺序，尽量在刚度小的情况下，焊接使变形自由进行，减小焊接应力。

② 采用合理施焊方法。

③ 焊前预热，减小焊接过程中的温差，降低冷却速度。

④ 锤击焊缝区，使其产生塑性变形，分为冷态（300℃以下）和热态（温度高于500℃），如图3-14所示。

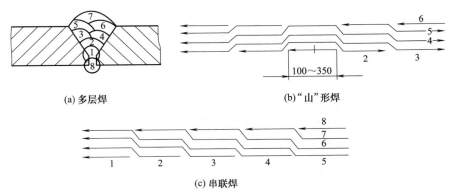

(a)多层焊　　　　　　　(b)"山"形焊

(c)串联焊

图3-14　厚焊缝施焊减小或者消除焊接应力（工艺方面）的措施

⑤ 焊后处理方法。

焊后处理 $\begin{cases} 焊后热处理 \\ 机械拉伸法 \end{cases}$

三、焊后残余应力的消除

① 整体热处理。去应力退火，将工件整体加热到600～650℃，保温缓冷，可以消除90%的残余应力，用于较小的结构。

② 局部退火。对焊缝及两侧进行加热、保温缓冷，加热区域从焊缝中心起每侧不小于焊缝宽度的3倍，且不小于30mm，用于大型结构。

③ 推进式局部加热低温退火。在焊缝两侧加热（温度180～230℃），并通水快冷，使焊

缝受拉。

④ 豪克能时效。是目前最彻底消除焊接残余应力并产生出理想压应力的时效方法。其利用大功率的豪克能冲击工具以每秒 2 万次以上的频率冲击金属物体表面，在豪克能的高频、高效和高聚焦的大能量下使金属表层产生较大的压缩塑性变形；同时豪克能冲击波改变了原有的应力场，产生一定数值的压应力，使冲击部位得到强化，见图 3-15。

图 3-15　豪克能时效消除焊接残余应力

第四节　焊接质量检验

焊接质量检验，就是以施工图样、技术条件、质量检验标准及订货合同为依据，采用调查、度量、试验、监测等方法，将产品生产过程中的焊接质量与上述技术条件、标准等诸项对比的过程。检验应以预防为主，并贯穿于产品制造的全过程。

一、按检验的数量分类

① 抽检。在产品中抽出一定比例进行检验。抽检比例用抽检量占全部产品的百分比表示，质量要求越高，抽检率越大。一般用于检验质量比较稳定或工艺成熟的产品。

② 全检。用于重要产品或新产品试制。

二、按检验方法分类

① 破坏性检验。从焊件或试板上切取试样，或以产品的整体破坏进行试验。主要用于检验力学性能。

② 非破坏性检验。不破坏产品的完整性或性能。

三、按检验程序分类

① 焊前准备检验。包括母材检验（成分及表面质量）、焊接材料检验、检查焊接件备料、检查装配质量、检查焊前试板、检查预热温度、检查焊工资格。

② 焊接过程的检验。包括复核工艺方法及焊接材料、检查焊接顺序、检查预热温度变化、检查工艺参数、检查焊道表面质量、检查后热及焊后热处理参数。

③ 焊后质量检验。包括检查焊缝外观尺寸、焊缝力学性能试验、无损检测、密封性试验、耐压试验、耐腐蚀试验等。

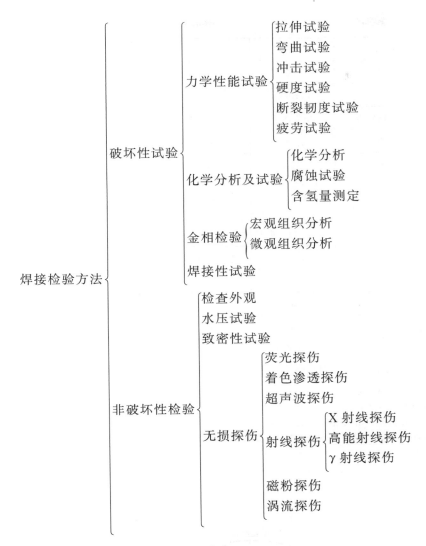

四、焊接质量检验及其表格的几种典型格式

表 3-1～表 3-4 是其中几种典型格式。

① X 射线和 γ 射线探伤法。射线透过不透明的物体（包括金属），并能使胶片感光。由感光底片不同的黑度，来观察物体内部缺陷存在的部位性质和程度，以判断缺陷。

表 3-1　射线检测工艺卡　　B5-11　　工艺卡编号：090

工件	产品名称	压缩机出口分液罐	产品(制造)编号	0901
	材料牌号	20R	规格	$800×1500×12mm^3$
器材	源　种　类	☑X　□Ir192　□	设备型号	200EGB1C/250EG-S₃
	焦点尺寸	$1.0×3.5/2.5×2.5mm^2$	胶片牌号	天津Ⅲ型
	增感方式 ☑Pb □Fe	前屏 0.03　　　mm 后屏 0.03　　　mm	胶片规格	$360×80/240×80/180×80mm^2$
	屏蔽方式	背衬薄铅板	冲洗方式	□ 自动　☑手工
	显影液配方	胶片厂家配方	显影条件	时间 4～8min　温度

续表

	焊缝编号	A1	B1	B2	B3	B4
检测工艺参数	板厚	12	12	12	10	8
	像质计型号	Fe10/16	Fe10/16	Fe10/16	Fe10/16	Fe10/16
	透照方式	单壁外透	中心透照	单壁外透	中心透照	双壁单影
	f(焦距)	(700)	(414)	(600)	(215)	(600)
	能量	120	120	120	120	140
	管电流/mA	5	5	5	5	5
	曝光时间	4	1.5	3	0.5	3
	应识别丝号	12	12	12	13	13F
	焊缝长度	1500	2589	2589	1339	858
	一次透照长度	342	324	210	320	150
	拍片数量片	1	8	3	1	2
合格级别		Ⅲ	Ⅲ	Ⅲ	Ⅲ	Ⅲ
检测比		≥20	100	≥20	≥20	≥20
技术要求	① 检测标准:JB/T 4730.2—2005 ② 射线检测技术等级:AB 级 ③ 底片黑度范围 D:2.0～4.0 ④ 本工艺卡未规定事宜,按射线通用工艺规程执行 ⑤ 补充说明:透照 B1、B3 焊缝使用 200EGB1C 探伤机,其他采用 250EG-S₃ 探伤机					

透照部位示意图:

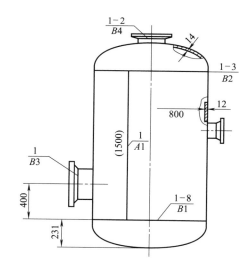

编制人(资格):×× Ⅱ　××××年××月　　　　　审核人(资格):×× Ⅱ(或Ⅲ)××××年××月

表 3-2　检验卡片格式

				产品型号		零件图号				
			检验卡片	产品名称		零件名称		共　页　第　页		
	工序号	工序名称	车间	检验项目	技术要求	检测手段	检验方案	检验操作要求		
	简图									
描图										
描校										
底图号										
装订号							设计（日期）	审核（日期）	标准化（日期）	会签（日期）
	标记	处数	更改文件号	签字	日期	标记	处数	更改文件号	签字	日期

表 3-3　零件下料检验记录

（企业名称）		零件下料检验记录	记录编号	
			共　页　第　页	

生产制令号		简图：
图号		
件号		
零件名称		
材料牌号		
材料规格		单位:mm
件数		
量具管理号		

检验结果(单位:mm)

检查项目		长	宽	角度	半径 R(r)	外径 ϕ	内径 ϕ
零件编号							

　　② 超声波探伤。超声波探伤是利用超声波（频率超过 20000Hz 的声波）能传入金属材料的深处，并在不同介质的界面上能发生反射的特点来检查焊缝缺陷的一种方法。超声波探

伤常使用的频率为 $2\sim5\mathrm{MHz}$。

探伤时，探头发射的超声波通过探测表面的耦合剂（常用的有机油、变压器油、甘油、化学浆糊、水及水玻璃等）将超声波传入工件，超声波在工件里传播，当遇到缺陷和工件底面时，就反射到探头。由探头将超声波变成电讯号，并传到接收放大电路中，经检波后至示波管的垂直偏转板上，在扫描线上出现缺陷反射波（伤波）和底面反射波。通过始波和缺陷之间的距离便可确定缺陷距工件表面的距离。同时通过缺陷波的高度也可估算出缺陷的大小。

应用范围很广，不但应用于原材料板、管、型材的探伤，也用于加工产品锻件、铸件、焊接件的探伤。

在探伤时，要注意选择探头的扫描方法，要使超声波尽量垂直地射向缺陷面。

表 3-4 超声波探伤工艺卡

（企业名称） 超声波探伤工艺卡		生产制令号		容器类别	
		产品名称			
		适用焊缝			
		工艺卡号			
工件	材质		板厚		表面状态	
	焊接方法		焊缝宽度		接头坡口	
器材	仪器型号		垂直线性		水平线性	
	探测频率		晶片尺寸		探头 K 值	
	对比试块		携带式试块		耦合剂	
检验要求	焊缝总长		探伤总长		探伤总比例	
	环缝长度		探伤长度		探伤比例	
	纵缝长度		探伤长度		探伤比例	
	验收标准		环缝合格级		纵缝合格级	
	检测灵敏度		评定线 ϕ dB,定量线 ϕ dB,判废线 ϕ dB			
探伤操作	仪器性能校验					
	探头性能校验					
	扫描线比例					
	基准波高		探测面选择		探测面宽度	
	表面材质补偿		粗探伤灵敏度		精探伤灵敏度	
	距离-波幅实测值	孔深（距离）/mm				
		波幅/dB				
	距离-波幅曲线图					

③ 磁粉探伤。磁粉探伤是利用被磁化了的焊件在缺陷处产生漏磁来发现缺陷的。当焊件被磁化后，焊件中就有磁力线通过，对于断面相同，内部组织均匀的焊件，磁力线是平行均匀分布的。在内部存在缺陷时，由于这些缺陷中存在的物质多是非磁性的，其磁阻很大。所以磁力线在有缺陷处就绕道而行，产生漏磁。这时撒在焊件表面磁粉微粒将向漏磁处移

动，磁粉被吸引在有缺陷的金属表面。

④ 着色探伤。着色探伤是渗透法表面探伤的一种成本低、使用方便的无损探伤方法。

探伤过程是把焊件表面清理并干燥之后，喷涂一层有强烈色彩的渗透液，待渗入缺陷一定时间后，把表面多余渗透液清除掉。再喷涂上显像剂，它把渗入缺陷内的渗透液吸附出来，在显像剂层上显示出彩色的缺陷图像。

目前可发现宽 0.01mm，深度不小于 0.03～0.04mm 的表面缺陷。

思 考 题

1. 焊接接头包括几个区域？其中焊缝区的缺陷是什么？
2. 熔合区的"两高一低"是什么？为什么是最薄弱的环节？
3. 焊缝的外部缺陷有几种？
4. 焊接热裂纹产生的原因是什么？影响因素是什么？采取什么措施？
5. 焊接冷裂纹产生的原因是什么？影响因素是什么？采取什么措施？
6. 简述焊接变形产生的原因及其变形的种类。
7. 简述焊接变形的矫正。
8. 简述焊后残余应力的消除。
9. 无损探伤中内部探伤和表面探伤各有几种？简述其原理。

第四章 ▶▶▶

焊接结构件展开下料实例

按照制件的结构特征分为圆管（筒）构件、正口拔梢体、偏口拔梢体、斜口拔梢体、异形三通马鞍座体、异口形管和曲面球（弧）体等，各实例中的尺寸标注单位均为厘米。

做展开下料图的主要工具有：钢直尺、卷尺、直角尺、大小划（圆）规、石笔、样冲和榔头，还可以有量角器等。

第一节　圆管（筒）构件

［实例1］　同径三通展开下料法

同径三通展开下料法见图4-1。根据式样的等分交叉点1、2、3、4、5线，找出水平线、垂线所对应的交点，将全部交点连线，便求出甲乙展开料。

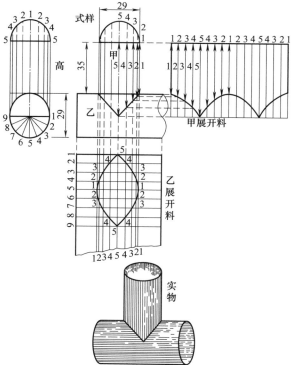

图 4-1　同径三通展开下料法

[实例2] 同径50°三通展开下料法

同径50°三通展开下料法见图4-2。根据式样的等分交叉点1、2、3、4、5、6、7、8、9线，找出水平线、垂线和50°斜线所对应的交点，将全部交点连线，便求出甲乙展开料。

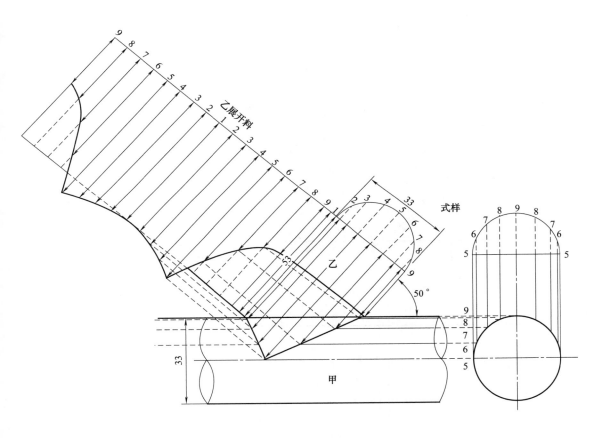

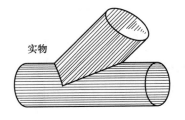

图4-2 同径50°三通展开下料法

［实例3］　不同径斜马鞍展开下料法

不同径斜马鞍展开下料法见图 4-3。按式样的 1、2、3、4、5、6、7线，找出水平线、垂线和斜线所对应的交点，将全部交点连线，便求出甲乙展开料。乙的展开料只求出一部分，由于纸面小未求出全部的展开料。

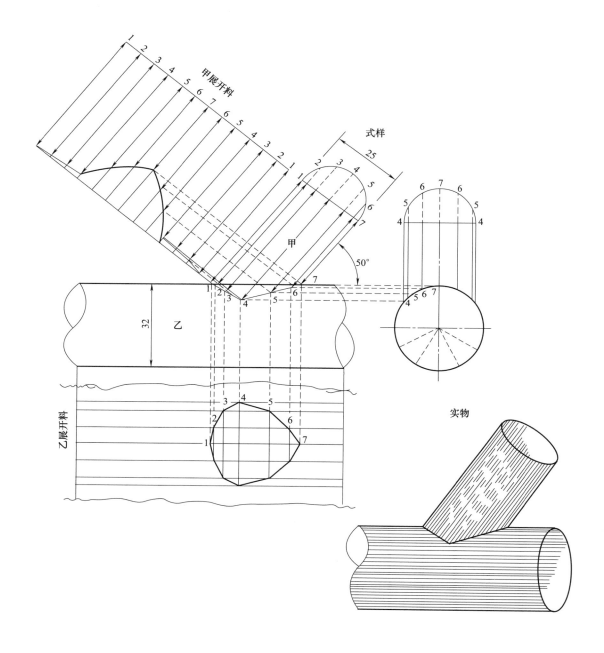

图 4-3　不同径斜马鞍展开下料法

［实例 4］ 虾米腰弯头展开下料法

虾米腰弯头展开下料法见图 4-4。

① A 为虾米腰弯头，一般弯头直径在 200cm 以内的，可以分四节下料烧三道焊口。如果弯头的直径超过 200cm，而弯头较小，也可以分四节下料，有一节由当中分开，拼口放在两头，共烧四道焊口。

② B 为够 300cm 直径的弯头，可以分三节下料，有一节分为两半，其余两节是整的，将半节的拼口放在两头，烧三道焊口。

注意：普通弯头为更好地适应多快好省的原则，一般分三至四节便可。

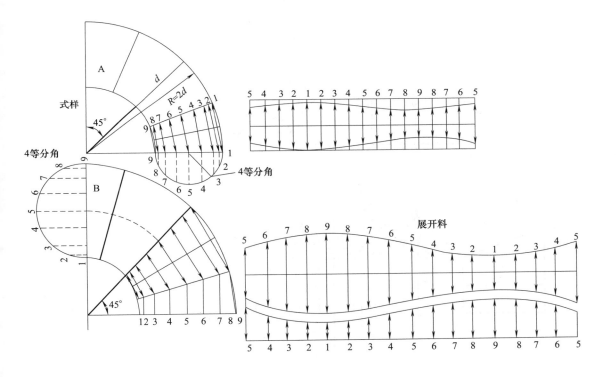

图 4-4 虾米腰弯头展开下料法

[实例5] 同径三岔管座展开下料法

同径三岔管座展开下料法见图 4-5。

画立面式样按 A、B 两管半径在 B 管下部画半圆径分成 9 等份，向上做辅助线，求出 1、2、3、4、5、6、7、8、9 展开料线，根据每道线的交叉定点，任意画一道平线进行展开 A、B，为了下料便利，画出中心线，由中心线定规求 A、B 展开料。

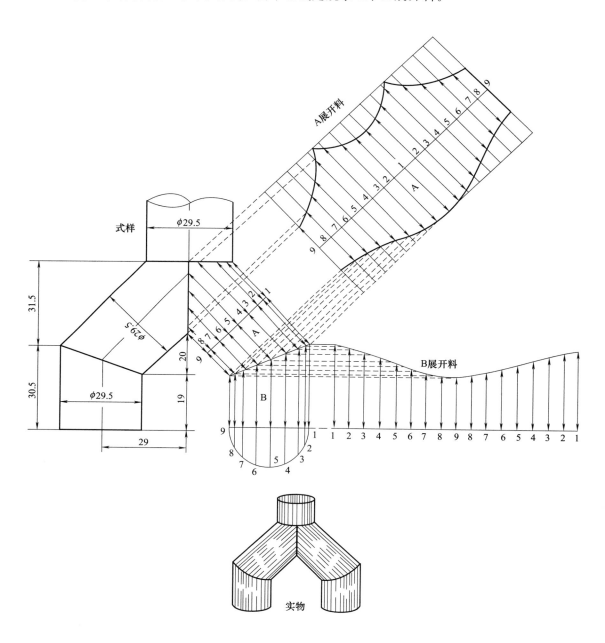

图 4-5 同径三岔管座展开下料法

第二节　正口拔梢体

［实例6］　正方拔梢展开下料法

正方拔梢展开下料法见图4-6。

① 按正方拔梢尺寸先画出式样立面高度和平面内外方，在平面外方一角向内方做1、2放射线和高度平面线A。

② 把平面1、2、A线移在立面高度的90°下方右边延长线上，再从立面上方做斜线1、2、A，用长斜线1、2、A，画展开线便求出展开料线图。

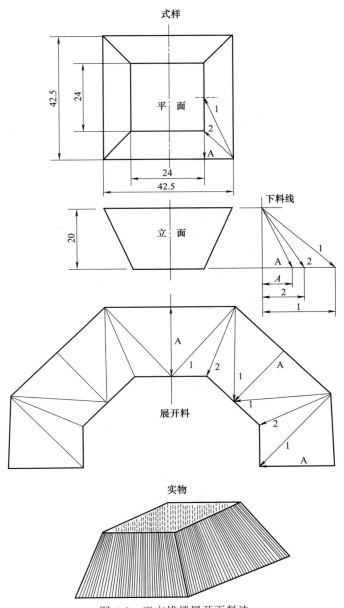

图 4-6　正方拔梢展开下料法

[实例7] 长方拔梢展开下料法

长方拔梢展开下料法见图 4-7。

长方拔梢长 74cm，宽 35cm，小口长 37cm，宽 23.5cm，高 31cm。

① 在平面画出 1、2、3、4 线移做立面左边的水平线。

② 在立面高度画出斜度 1、2、3、4 下斜线。

③ 做展开料：把 1 号下斜线作为大面高度画出上下平衡线。

④ 把大口的 74cm，小口的 37cm 两端头连为 2 号斜角下斜线。

⑤ 用圆规把 3 号下斜线从大口端头划到小口的中心线的交叉定点，再把 4 号下斜线垂直划到上方，依次画出另一半。下口的宽 35cm 上口的宽 23.5cm，等于窄面。

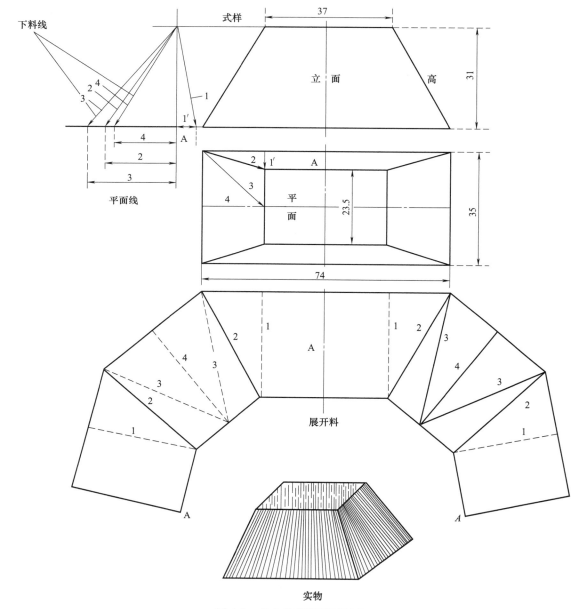

图 4-7 长方拔梢展开下料法

[实例 8] 天圆地方正拔梢展开下料法

天圆地方正拔梢展开下料法见图 4-8。

天圆地方正拔梢方 48cm，正圆直径 26cm，高 46cm。

① 画出平面线，在十字中心点画出 26cm 的圆，在圆周的一角分出四等分，在外角根据四等分画出 1、2、3 的平线。

② 在左边画出 46cm 的高，根据 1、2、3 的平线画出 90°上方 A 点的 1、2、3 下斜线。

③ 根据式样 A、B 端的垂直平分线与 1 号下斜线的交点作为圆心，1/4 圆周长作为半径再与 1 号下斜线交与另外一点。

④ 四等分 1 号下斜线的两个交点，在等分点做三根辅助线，连接 2、3 号下斜线与三根辅助线的交点，为拔梢的方弧线。

⑤ 向右边做第三根 1 号下斜线交与 B 点又一 48cm 点，依次重复做三份，四角同样。

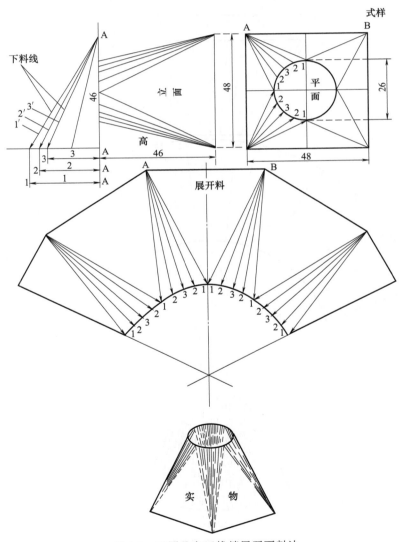

图 4-8 天圆地方正拔梢展开下料法

[实例 9] 正圆拔梢展开下料法

正圆拔梢展开下料法见图 4-9。

正圆拔梢大口直径 63cm，小口直径 35cm，高 32cm。画出式样大小头拉下中心线，根据大小头的斜度拉下斜线交与中心线的点，整条斜线的长度作为半径画出大圆。整条斜线的长度减去大小头斜边 A 的长度为小圆半径。把大口圆线的一半分 12 等分，依据每个等分间距在下料图的圆线分 24 等分，共 25 根线。裁下条纹圆框即为该展开下料图。

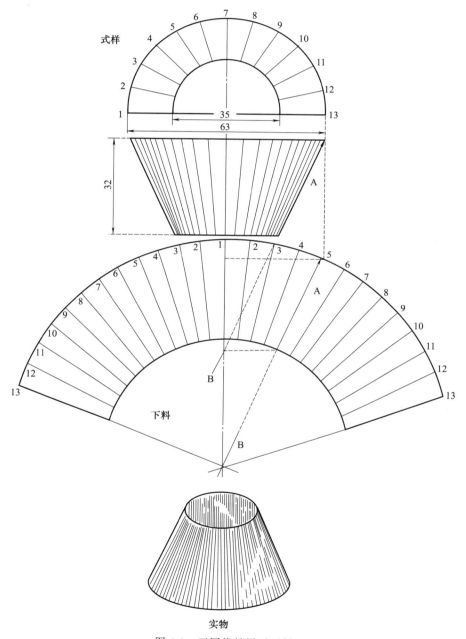

图 4-9 正圆拔梢展开下料法

[实例 10]　天方地圆正形拔梢桶展开下料法

天方地圆正形拔梢桶展开下料法见图 4-10。

根据式样等分线 1、2、3 及中线 A（对口线）分别移在高的 90°右边平直线上，从上角往下方画出 4 条下斜线即为下料线。按下料线的 A 中线和式样小口的一边定展开料位置，然后根据 1、2、3 等分线求展开料。

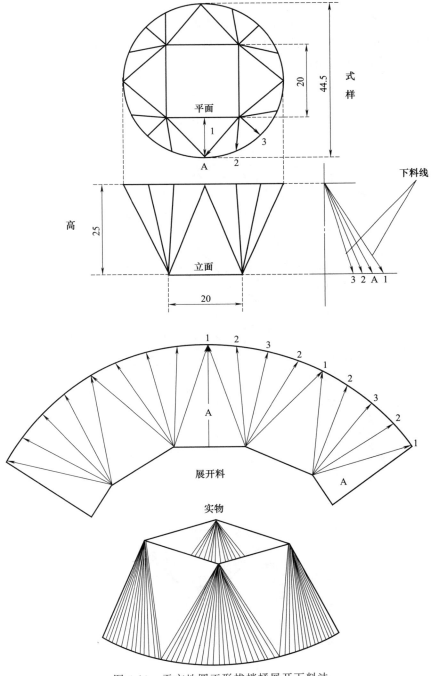

图 4-10　天方地圆正形拔梢桶展开下料法

[实例 11]　地长椭圆上中心线正圆带梢展开下料法

地长椭圆上中心线正圆带梢展开下料法见图 4-11。

按平面式样画立面式样，按平面 1、2、3、4、5 等分线段的弧线与垂直中线的交点画水平线，交与立面大头。以立面斜边的下延长线与下水平线的交点为定点划弧线交与大圆 9 个等分点，注意展开料起始 1 号线的小圆起点必须在式样小圆上方水平线上。小圆的 9 个弧线点由立面上的 5 个斜线段量出。

展开料的另一条 9 点弧线，先由上段大弧线的左 1 点为圆心，89cm—37cm 为半径划弧线，再连接小弧线左边点和立面小头 1 号点，两头延伸分别交与立面大头和 52cm 为半径画的弧线，然后画法同前求出全部展开料。

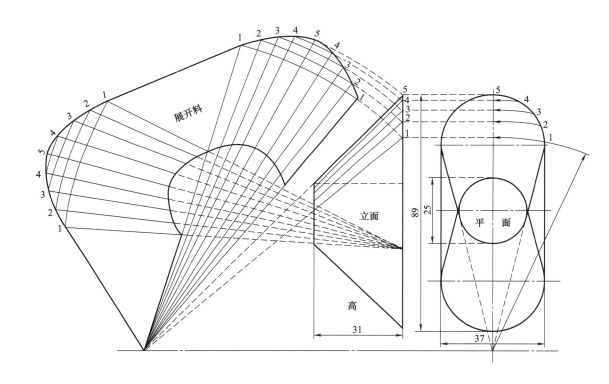

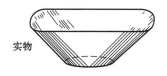

图 4-11　地长椭圆上中心线正圆带梢展开下料法

[实例 12] 天圆地椭正拔梢桶展开下料法

天圆地椭正拔梢桶展开下料法见图 4-12。

按平面式样椭圆和内圆 5 等分点的 1～5 线及一～四线（1、2、3、4）分别移在立面高度的 90°平面线上拉出斜线便求出了下料线，根据下料线和平面等分便求出全部展开料。

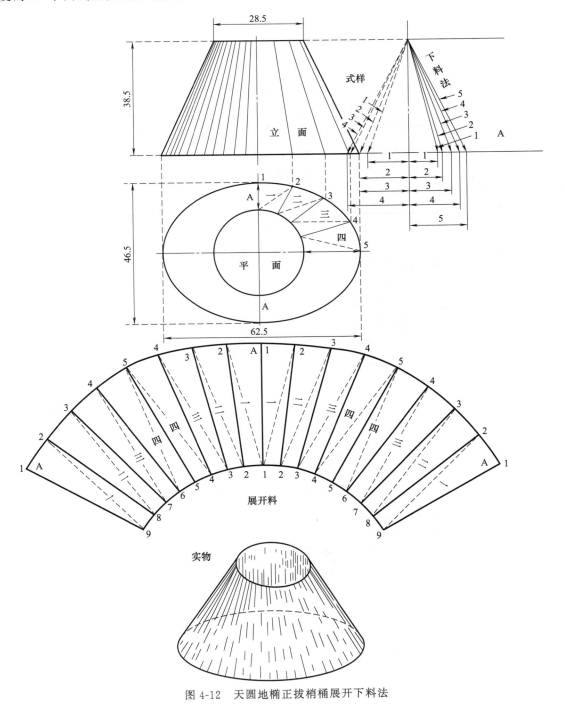

图 4-12 天圆地椭正拔梢桶展开下料法

[实例 13] 底长方天椭圆正形拔梢座展开下料法

底长方天椭圆正形拔梢座展开下料法见图 4-13。

按平面式样椭圆 5 等分点的 1～5 线及 A、B 线分别移在立面高度的 90°水平面线上拉出斜线便求出了下料线，根据平面等分、B 下料线和下一个 5 号线的交点方向便求出全面的展开料。

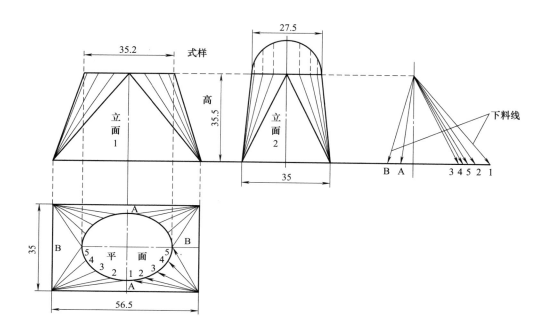

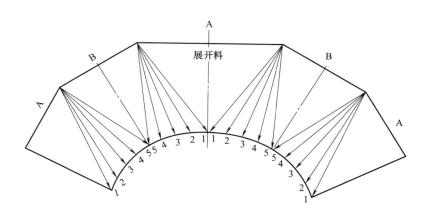

图 4-13　底长方天椭圆正形拔梢座展开下料法

[实例 14]　上方小下方大两角圆展开下料法

上方小下方大两角圆展开下料法见图 4-14。

按平面式样的 1、A 线移在立面高度的 90°水平面线上拉出斜线，便求出了两根下料线。展开料的中线、对口线完全用 1 线下料，A 线只求两角度的坡线，根据式样及下料线，便求出展开料。

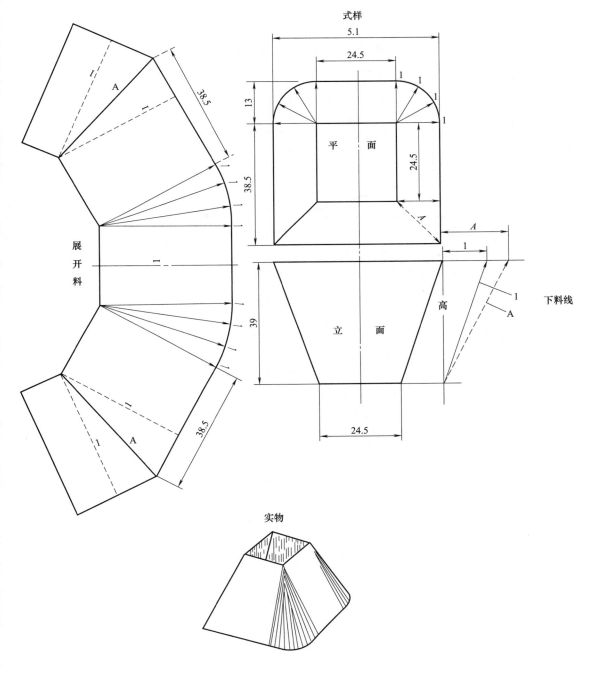

图 4-14　上方小下方大两角圆展开下料法

[实例 15] 下方带梢上半方半圆展开下料法

下方带梢上半方半圆展开下料法见图 4-15。

按平面式样的 1、2、A 线移在立面高度的 90°水平面线上拉出斜线便求出了三根下料线。根据下料线的 A、1、2 各线和平面式样等分线便求出展开料。

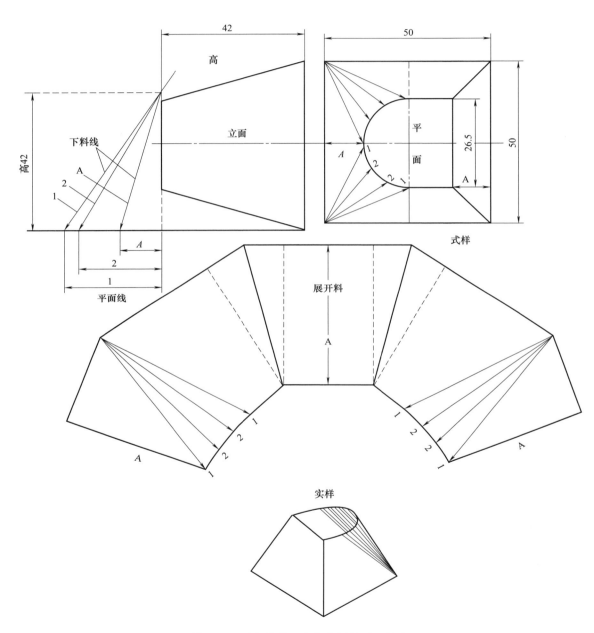

图 4-15 下方带梢上半方半圆展开下料法

[实例16]　天圆地一角方一端圆另一角圆带梢管座展开下料法

天圆地一角方一端圆另一角圆带梢管座展开下料法见图4-16。

按平面式样的1～19及A、B线，标注一～十二的虚线分别移在立面高度的90°水平面线上拉出斜线便求出了下料线。根据平面式样方向和每边的编号，还有等分距离及下料线进行展开，便求出全部展开料。

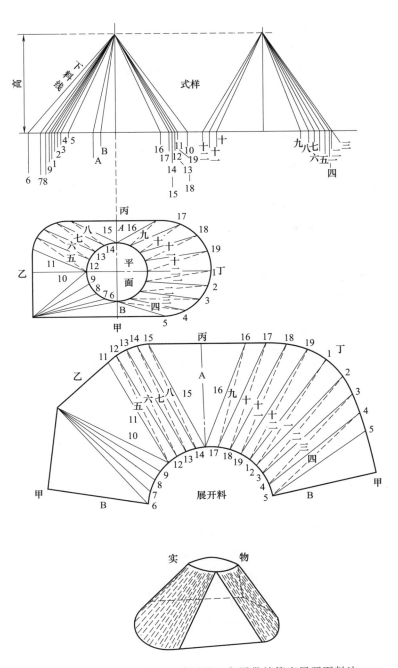

图4-16　天圆地一角方一端圆另一角圆带梢管座展开下料法

[实例 17]　天圆地方缺三个角管座展开下料法

天圆地方缺三个角管座展开下料法见图 4-17。

按平面式样的 1、2、3 及 A、B、C、D 线，标注的一、二线和天、地、人、木、之 5 线段都移在立面高度的 90°水平面线上拉出斜线便求出了下料线。根据平面式样 A、B、C、D 方向和每边的编号，还有等分距离及下料线进行展开，便求出全部展开料。

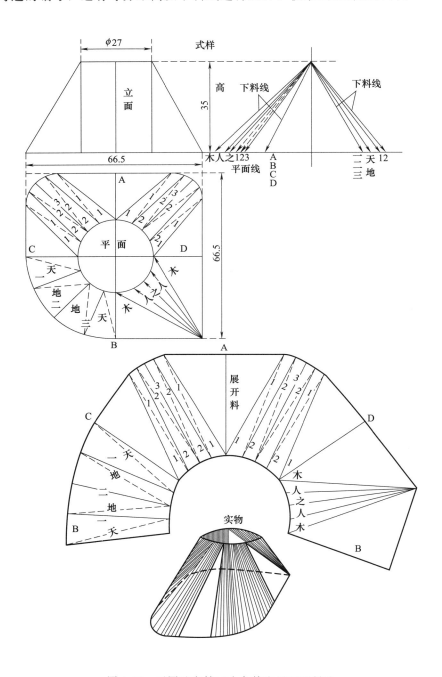

图 4-17　天圆地方缺三个角管座展开下料法

[实例 18]　长方带梢一头方一头圆展开下料法

长方带梢一头方一头圆展开下料法见图 4-18。

按平面式样的 1～8 和 B 线移在立面高度的 90°水平面线上拉出斜线便求出了 9 根下料线。根据各下料线和平面式样等分便求出展开料。

注意：立面图样上标的 1～8 是轮廓示意线，而不是下料线。

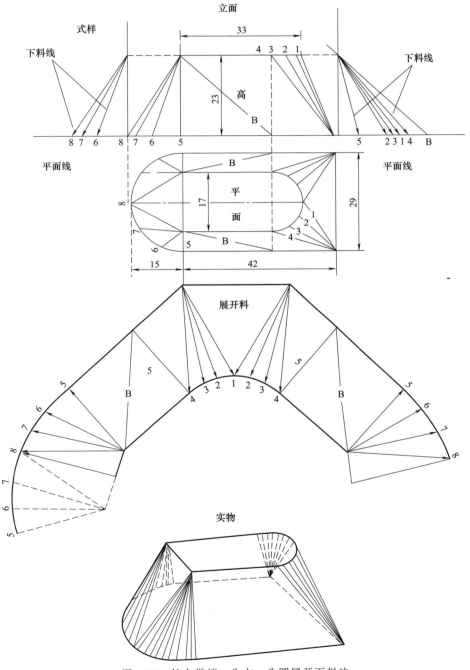

图 4-18　长方带梢一头方一头圆展开下料法

[实例 19]　天圆地方带斜度展开下料法

天圆地方带斜度展开下料法见图 4-19。

首先画出平面式样再画立面式样，将底边 A、C 分别求短长不一的下料线，要标注上不同的编号，以免展开时将短头弄错。根据平面式样等分线编号和 A、B、C 面的距离，按下料线进行展开，便求出全部展开料。

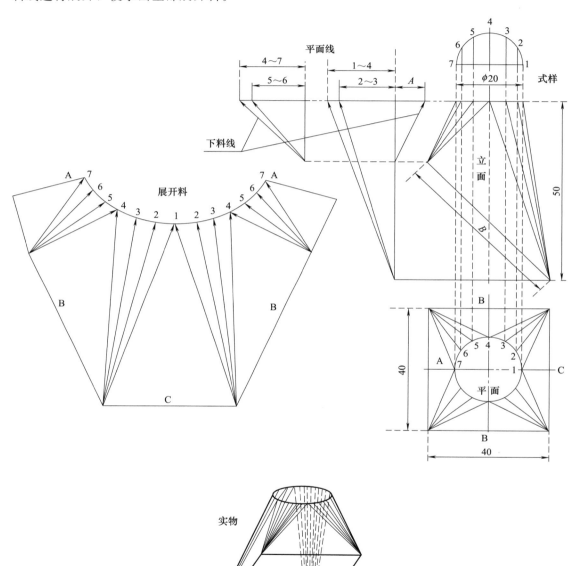

图 4-19　天圆地方带斜度展开下料法

[实例20] 上圆下三角形带梢桶座展开下料法

上圆下三角形带梢桶座展开下料法见图4-20。

按平面式样的各线分别移在立面高度的90°水平面线上，拉出斜线，便求出了下料线，根据下料线和平面式样的等分，便求出全部展开料。

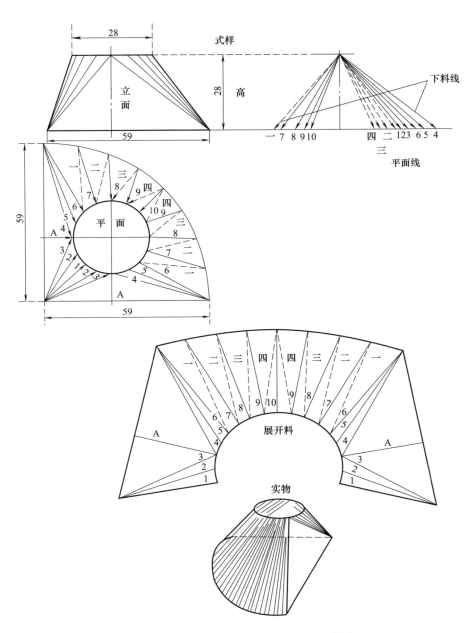

图 4-20 上圆下三角形带梢桶座展开下料法

[实例 21]　腰圆上下拔梢展开下料法

腰圆上下拔梢展开下料法见图 4-21。

按平面式样 5 等分，然后画立面式样，将立面式样一头的大小口直径边线延长交与半圆心的下垂线，将该线段作为半径下移定规点，根据定规点和平面式样等分，便求出全部展开料。

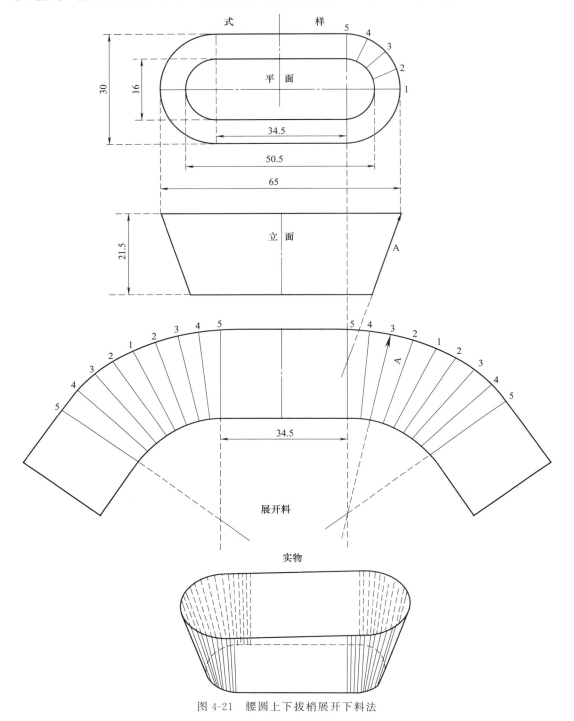

图 4-21　腰圆上下拔梢展开下料法

[实例 22]　天圆地方底边带斜度形展开下料法

天圆地方底边带斜度形展开下料法见图 4-22。

先画出平面式样再画立面式样，按立面式样圆口和斜度 A_1、A_2 两角及 B，分别画水平线求下料线。根据平面式样等分及 A、B 方向按下料线求出中部展开料，再按 B 下料线和底方长度的一半相交点定出左右展开位置，依次求出全部展开料。

注意：也可以按长 5 号下料线和底方长度的相交点定出左右展开位置。

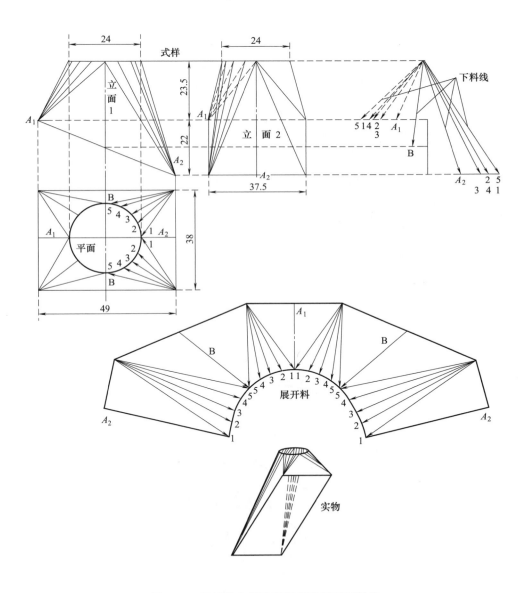

图 4-22　天圆地方底边带斜度形展开下料法

[实例 23]　上方下椭圆带梢桶展开下料法

上方下椭圆带梢桶展开下料法见图 4-23。

按平面式样的各线分别移在立面高度的 90°水平面线上，拉出斜线，便求出了下料线。根据平面式样的等分和每面边的方向，即画出 B 线与 5 号线的交点定为规点，便求出全部展开料。

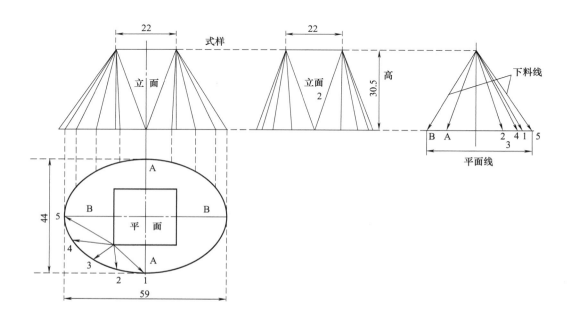

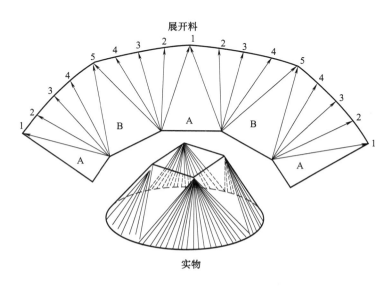

图 4-23　上方下椭圆带梢桶展开下料法

[实例 24]　腰圆带梢上长下圆展开下料法

腰圆带梢上长下圆展开下料法见图 4-24。

先画出平面式样再画立面式样的各线，将外圆和内圆的 1、2、3、4、5 的圆周等分垂线，画 90°下水平线。根据平面等分及立面斜线上的各 4 个小箭头线距离，便求出全部展开料。

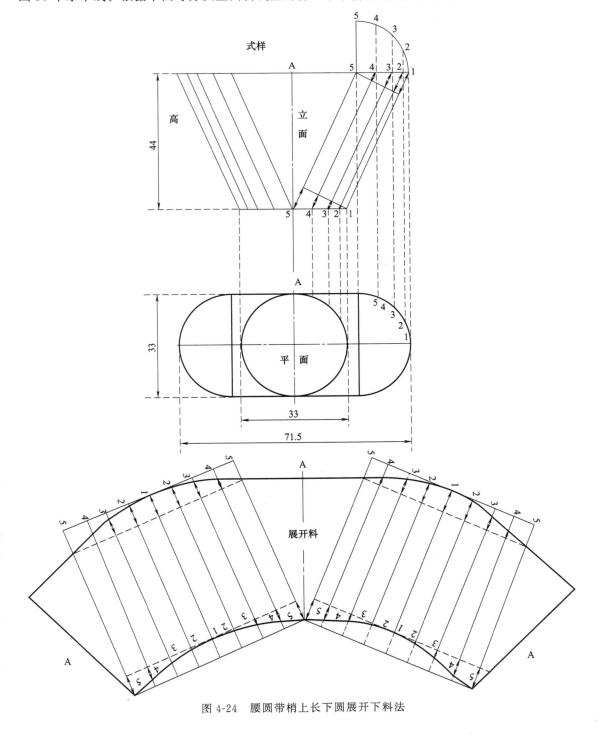

图 4-24　腰圆带梢上长下圆展开下料法

[实例 25] 上小圆下大五方拔梢桶展开下料法

上小圆下大五方拔梢桶展开下料法见图 4-25。

首先画出平面式样圆口直径圆周分 12 等分（画出 6 等分即可），在 1 线角上分 1、2、3 线，4、5 线在另一角上，6、7、8、9 在一个角上，10 线做对口线。按平面式样画立面式样，将平面式样的 1～10 线分别移在立面高度的 90°水平面线上拉出斜线，便求出了下料线，根据平面式样的连接方向和下料线，便求出全部展开料。

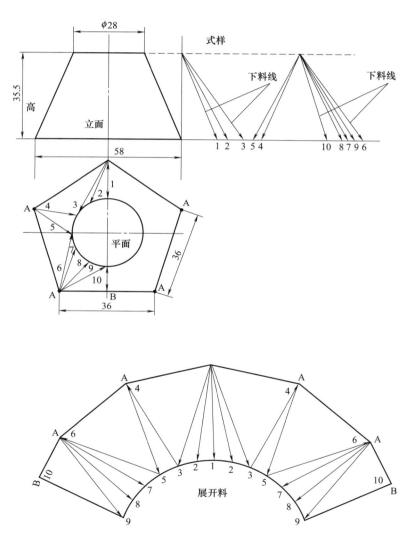

图 4-25　上小圆下大五方拔梢桶展开下料法

[实例 26] 椭圆带梢展开下料法

椭圆带梢展开下料法见图 4-26。

按平面式样画 A、B 两立面的式样（在左上部），按 A、B 两个不同的拔梢式样，求 A、B 锥线的交叉定点（在下部），根据 A 的锥线定点画展开料的 3、4 等分上下边线，按 B 的锥线定点画展开料的 1、2 等分上下边线，便求出全部展开料。

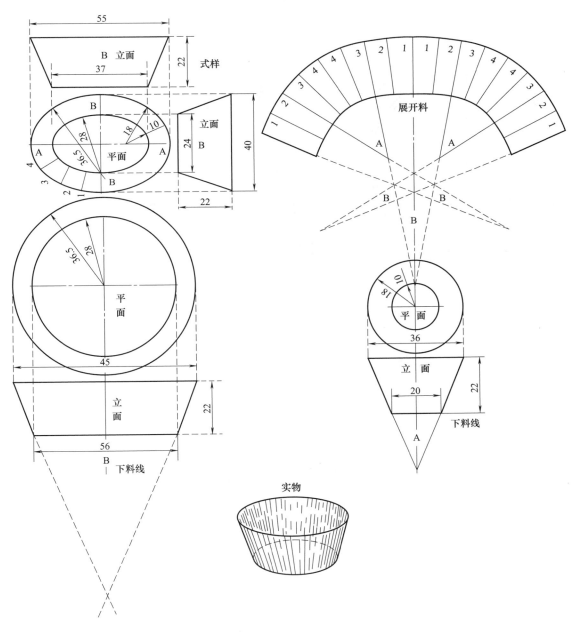

图 4-26 椭圆带梢展开下料法

[实例 27]　　圆桶内带梢度过水管展开下料法

圆桶内带梢度过水管展开下料法见图 4-27。

按圆桶画平面式样，按大小头分 5 等分（如果构件大可增加等分数），根据大小管径周长形成的两边线延长交叉点定圆规点，再根据平面等分求全部展开料。

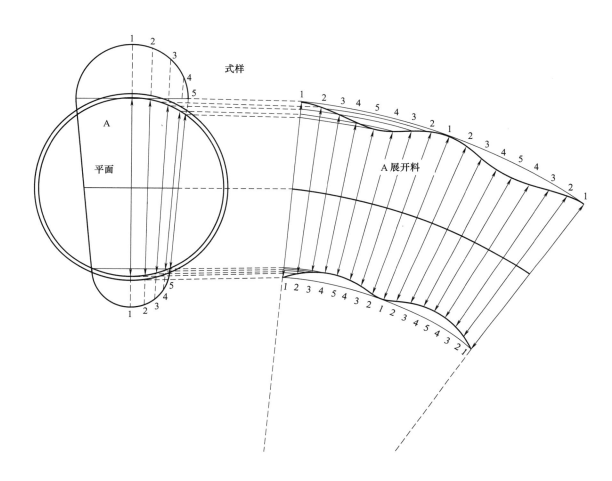

图 4-27　圆桶内带梢度过水管展开下料法

第三节　偏口拔梢体

[实例 28]　地长方天圆带梢靠一边展开下料法

地长方天圆带梢靠一边展开下料法见图 4-28。

按式样的 1、2、3、4、5、6、7、8、9 等分线及 10、A 定高线分别移在立面高度的 90°水平面线上拉出斜线便求出了下料线，根据平面式样的等分和每面边的方向，便求出全部展开料。

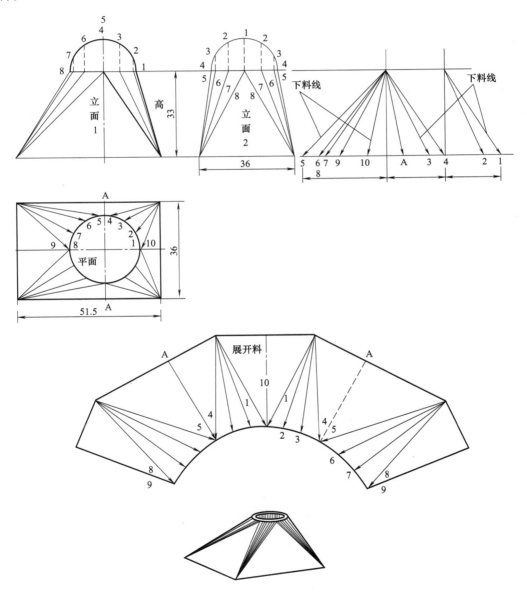

图 4-28　地长方天圆带梢靠一边展开下料法

[实例 29] 天方地圆偏心梢形方圆桶展开下料法

天方地圆偏心梢形方圆桶展开下料法见图 4-29。

按式样的 1~20 等分线及 A、B、C、D 定高线分别移在立面高度的 90°水平面线上，拉出斜线，便求出了下料线，根据平面式样的等分和每面边的方向，便求出全部展开料。

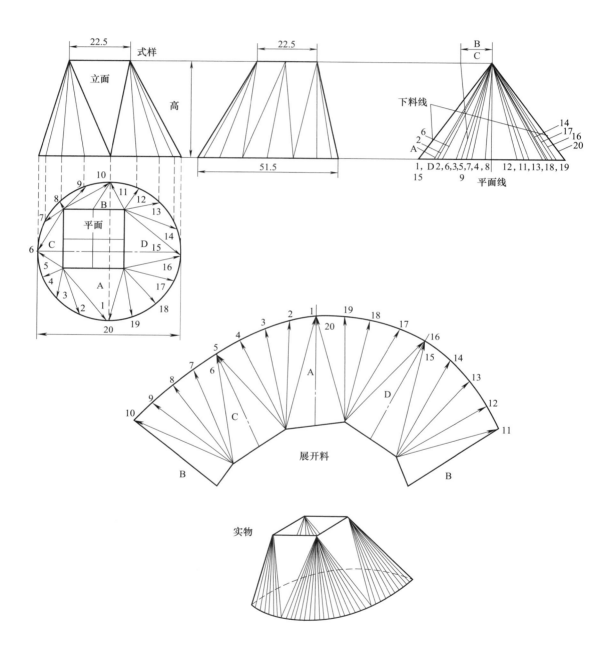

图 4-29 天方地圆偏心梢形方圆桶展开下料法

[实例 30] 下方带梢偏半圆展开下料法

下方带梢偏半圆展开下料法见图 4-30。

按式样的 1、2、3、4、5、6 等分线及 A、B 定高线，分别移在立面高度的 90°面线上，拉出斜线，便求出了下料线，根据平面式样的等分和每面边长与 5 号线的交点，以及 B 线与边长一半的交点，便求出全部展开料。

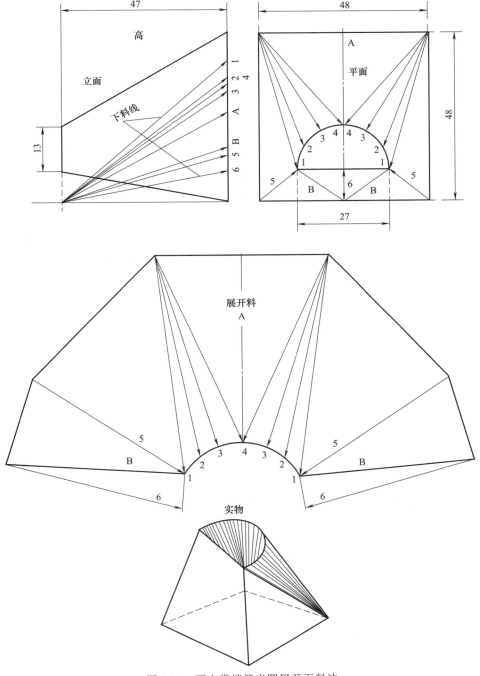

图 4-30 下方带梢偏半圆展开下料法

［实例31］　下长方上口靠一边方拔梢展开下料法

下长方上口靠一边方拔梢展开下料法见图4-31。

按式样平面的1、2、3、4、5线，移在立面高度的90°水平线上，拉出斜线，便求出了下料线，由2线开始展开，按平面图的A、B、C、D各面和1、2、3、4、5各线的顺序，根据A线与1号线的交点，以及B线与4线的交点，依次展开，便求出全部展开料。

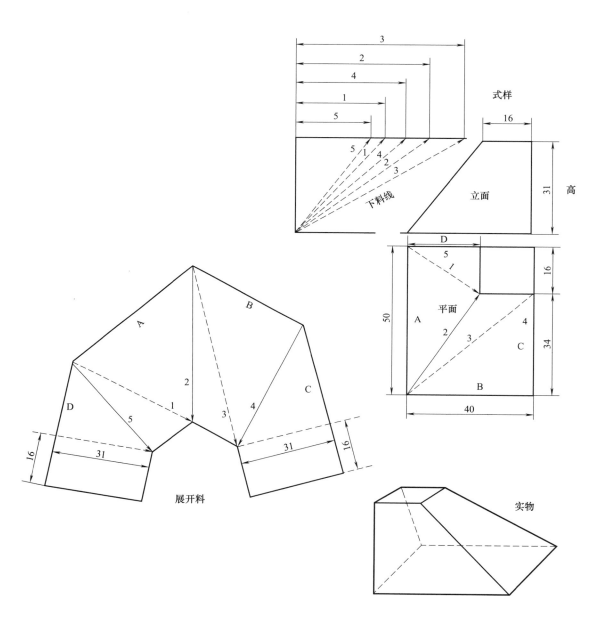

图4-31　下长方上口靠一边方拔梢展开下料法

［实例32］　天圆地矩同面积倾斜管座展开下料法

天圆地矩同面积倾斜管座展开下料法见图4-32。

按平面式样的1~10等分线及A定高线，分别移在立面高度的90°水平面线上，拉出斜线，便求出了下料线，根据平面式样的甲、乙、丙方向和等分距离，便求出全部展开料。

注意：丙线是圆径垂直线内两点的距离。

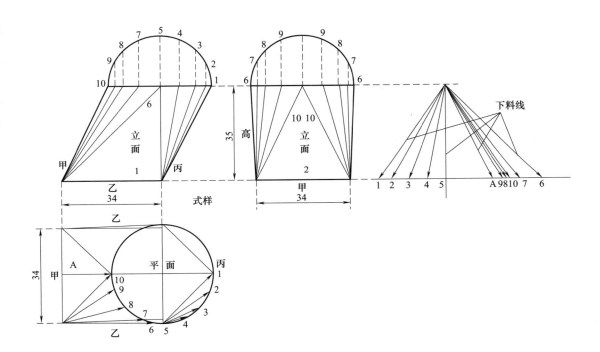

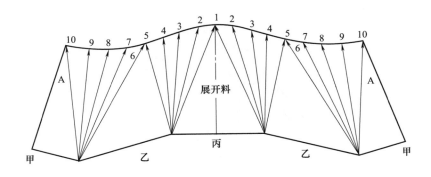

图4-32　天圆地矩同面积倾斜管座展开下料法

［实例 33］　下长方上半圆靠一面带梢展开下料法

下长方上半圆靠一面带梢展开下料法见图 4-33。

按平面式样的 1、2、3、4 等分线及 B、A 定高线，分别移在立面高度的 90°水平面线上，拉出斜线，便求出了下料线，根据半圆立面的甲 1、甲 2 线与高度线定出半圆下料线，再根据高 1 高 2 的下料线便求出全部展开料。

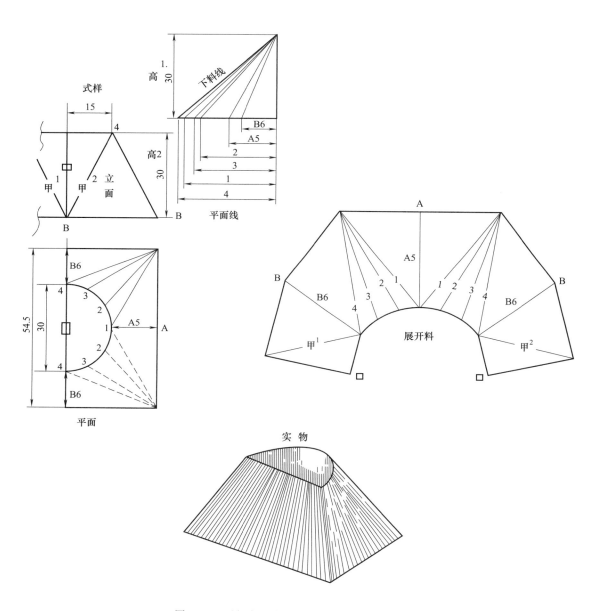

图 4-33　下长方上半圆靠一面带梢展开下料法

[实例 34]　顶圆底半圆偏心带梢展开下料法

顶圆底半圆偏心带梢展开下料法见图 4-34。

按式样的 1、2、3、4、5、6、7、8、9 和虚线 1′、2′、3′、4′、5′、6′、7′、8′等分线，正面式样的 9′及 A 定高线，分别移在立面高度的 90°水平面线上，拉出斜线，便求出了下料线，根据平面式样的等分和下料线，便求出全部展开料。

注意：B 线段即高度。

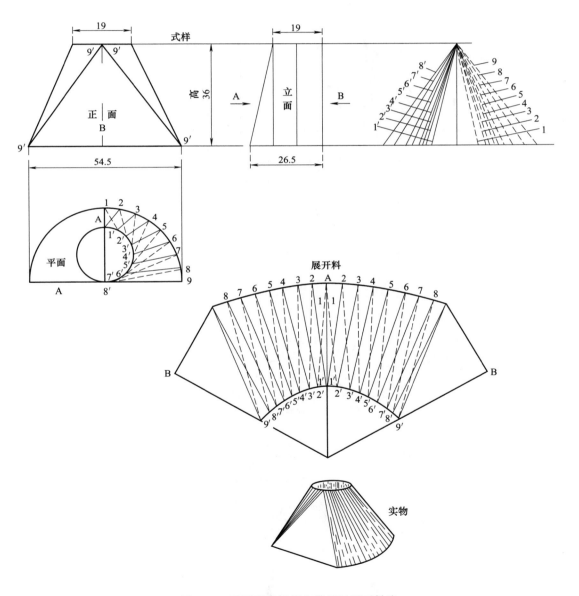

图 4-34　顶圆底半圆偏心带梢展开下料法

[实例 35]　下正方上圆靠一角分 12 等份拔梢桶展开下料法

下正方上圆靠一角分 12 等份拔梢桶展开下料法见图 4-35。

① 此料在下角点线，把 1、2 拿在上角面分为三等分。

② 圆的 12 等分中 3、4、5、6 号线两个角分为两个三等分。

③ 7 号线为圆的半径，7、8 把左下角分为三等分，下正方边长为 30cm。

按式样的 1、2、3、4、5、6、7、8 等分线分别移在立面高度的 90°水平面线上，拉出斜线，便求出了下料线，根据平面式样的等分和下料线，便求出全部展开料。

注意：下料线中缺了 7 号线需要补齐。

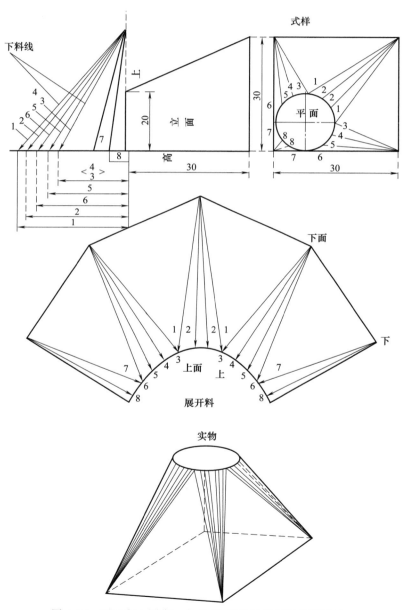

图 4-35　下正方上圆靠一角分 12 等份拔梢桶展开下料法

[实例 36] 天圆地圆 90°带梢偏心展开下料法

天圆地圆 90°带梢偏心展开下料法见图 4-36。

按式样的 1、2、3、4、5、6、7、8、9 和虚线 1′、2′、3′、4′、5′、6′、7′、8′等分线，分别移在立面高度的 90°水平面线上，拉出斜线，便求出了下料线，根据下料线 1 线和 1′线进行展开，按平面式样的等分，便求出全部展开料。

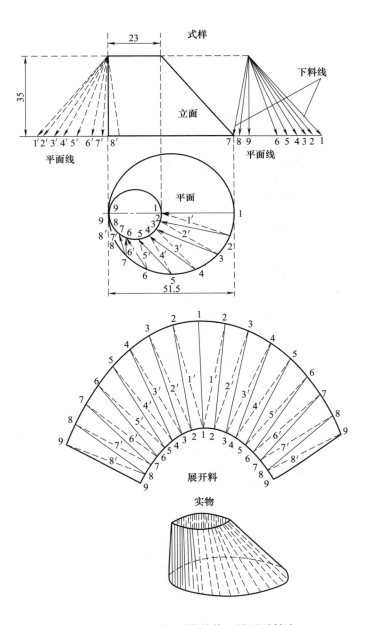

图 4-36 天圆地圆 90°带梢偏心展开下料法

[实例 37]　长方带梢下一头方一头半圆上圆拔梢桶展开下料法

长方带梢下一头方一头半圆上圆拔梢桶展开下料法见图 4-37。

按式样平面的 C、B、D 定高线及 1、2、3、4、5、6、7、8、9、10 线和一、二、三、四线分别移在立面高度的 90°水平线上，拉出斜线，便求出了下料线，根据下料线依次展开，便求出全部展开料。

注意：6 号线与 35.5cm 长度的交点为两边展开的方向。5 不在等分点上。其他数字是圆的等分点数。

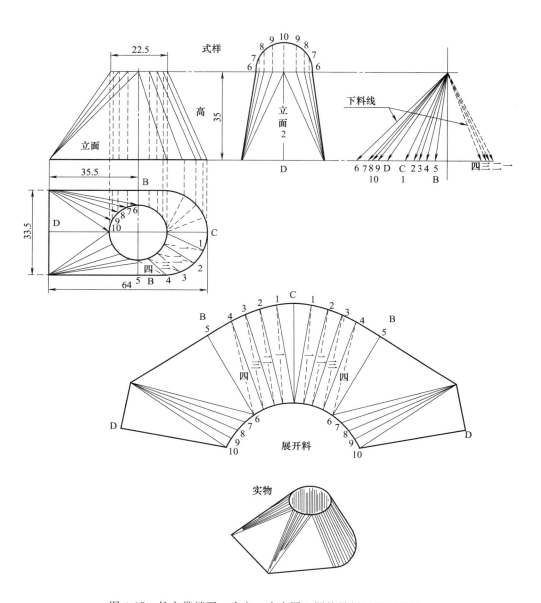

图 4-37　长方带梢下一头方一头半圆上圆拔梢桶展开下料法

[实例 38]　天椭圆地长方斜形管座展开下料法

天椭圆地长方斜形管座展开下料法见图 4-38。

按式样平面的 A、B 定高线及 1、2、3、4、5、6、7、8、9、10 线分别移在立面高度的 90°水平线上，拉出斜线，便求出了下料线，根据平面式样的甲、乙、丙每边方向和上下口的等分距离，按下料线依次展开，便求出全部展开料。

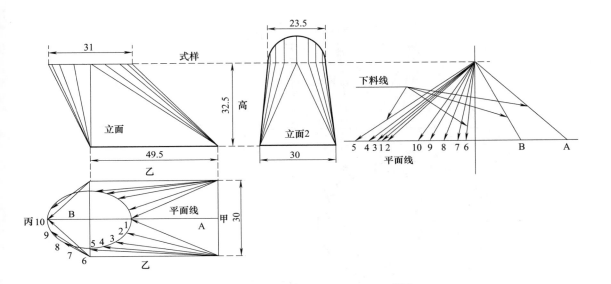

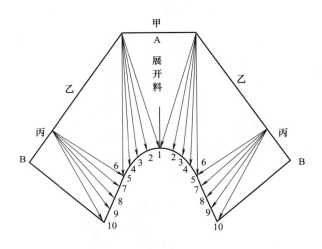

图 4-38　天椭圆地长方斜形管座展开下料法

[实例 39]　天偏方地椭圆展开下料法

天偏方地椭圆展开下料法见图 4-39。

按式样平面的 B 定高线及 1、2、3、4、5、6、7、8、9、10 线分别移在立面高度的 90°水平线上，拉出斜线，便求出了下料线，根据平面式样的大小口的等分，按下料线依次展开，便求出全部展开料。

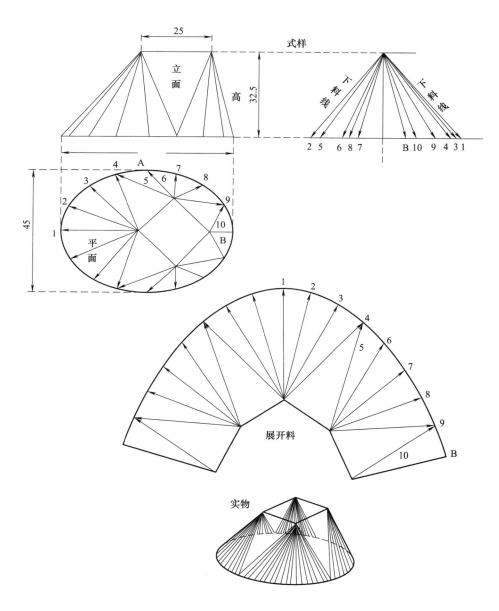

图 4-39　天偏方地椭圆展开下料法

［实例 40］　偏圆腰圆和圆结合座展开下料法

偏圆腰圆和圆结合座展开下料法见图 4-40。

按平面式样画立面式样，按平面等分画立面式样各线 1、2、3、4、5，根据立面式样的大小口的等分线距离和平面式样的等分，按下料线依次展开，便求出全部展开料。

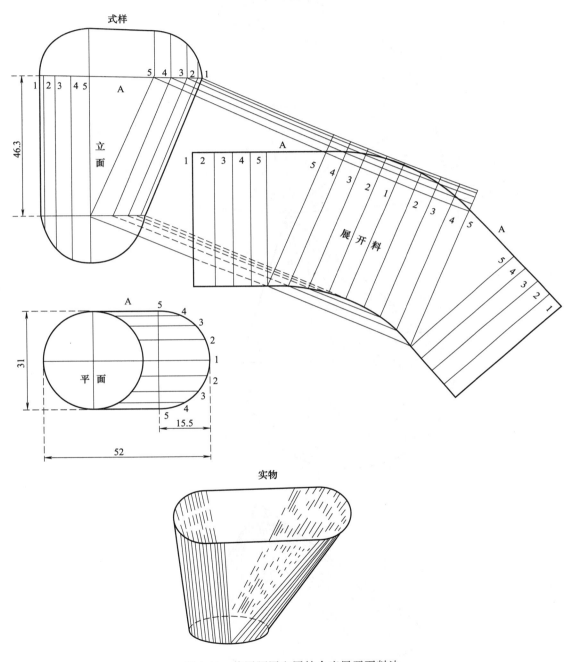

图 4-40　偏圆腰圆和圆结合座展开下料法

[实例41] 烟筒帽式偏心斜马蹄展开下料法

烟筒帽式偏心斜马蹄展开下料法见图4-41。

按立面式样画平面圆周分若干等份，根据等分交叉1、2、3、4、5、6、7、8、9求全部展开料弧线，便求出展开料。

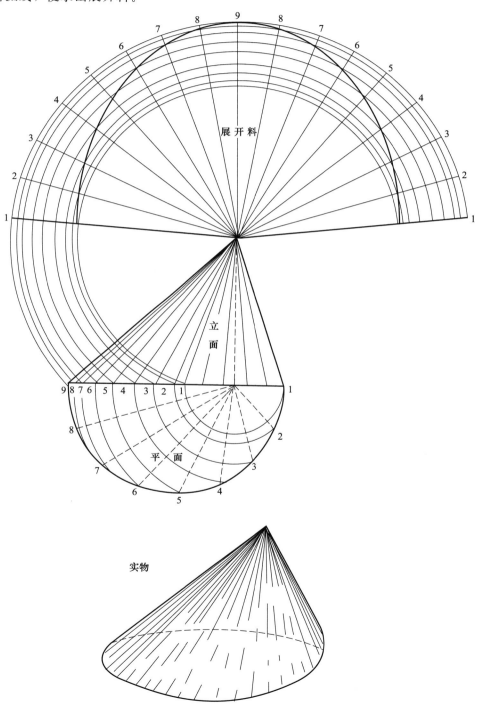

图 4-41 烟筒帽式偏心斜马蹄展开下料法

[实例 42] 天半圆地椭圆带拔梢展开下料法

天半圆地椭圆带拔梢展开下料法见图 4-42。

按平面式样的 1～9 各线及 A、B、一、二、三、四线分别移在立面高度的 90°水平线上，拉出斜线，便求出了下料线，根据平面式样的等分和每面边的方向，按下料线依次展开，便求出全部展开料。

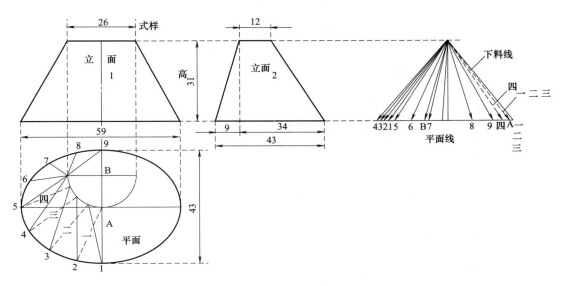

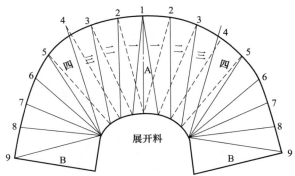

图 4-42 天半圆地椭圆带拔梢展开下料法

［实例43］ 带梢马蹄展开下料法

带梢马蹄展开下料法见图4-43。

按实样画圆分成若干等份，从中点4按拔梢度数下拉线交与垂线定出圆规点，画出5道弧线交与实样垂线，再按每根线的交叉定规点求展开料，根据1、2、3、4、5、6、7线不同交叉点画出展开料的不同弧线，便求出展开料。

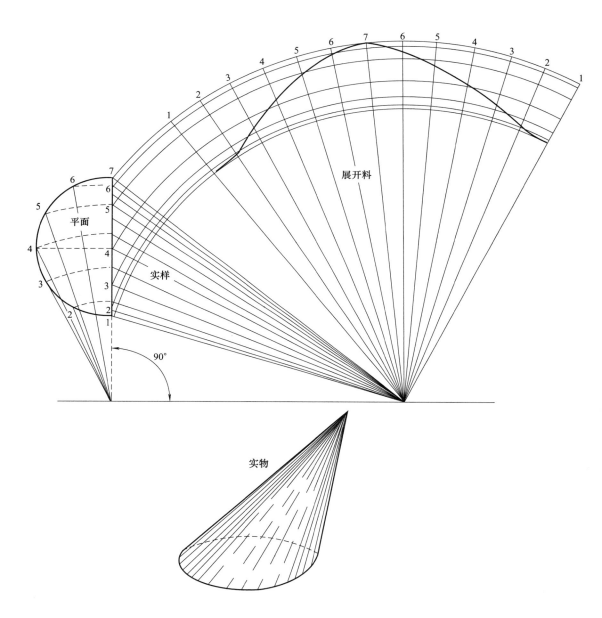

图4-43 带梢马蹄展开下料法

[实例 44] 地长腰圆天圆中心线偏一头展开下料法

地长腰圆天圆中心线偏一头展开下料法见图 4-44。

按平面式样画立面式样的各线，立面左斜边向上延长交与圆心的上垂线，取此 F 线段移到大口半圆边定出圆规点，按平面等分画展开样各线 1、2、3、4、5、6、7、8、9。根据平面式样的大小口的 A 点俯视距离求出 B 线，再根据两个圆心距离和右边 1 号弧线的交点定出展开方向点，再按下料线依次展开，便求出全部展开料。

注意：左边大垂线是根据平面斜线的交点形成的。

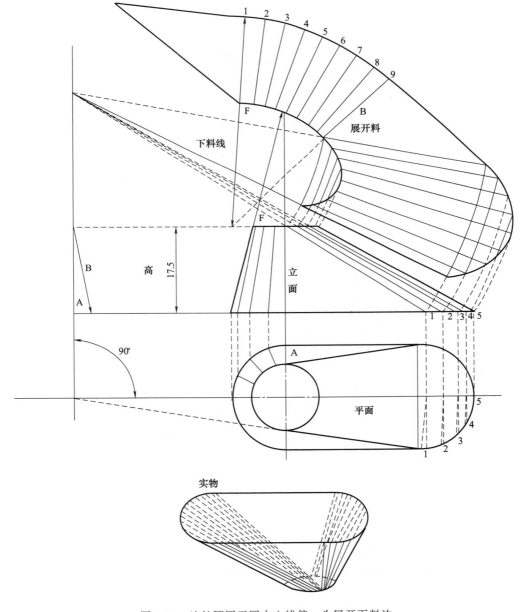

图 4-44 地长腰圆天圆中心线偏一头展开下料法

[实例45] 类似前照灯罩展开下料法

类似前照灯罩展开下料法见图4-45。

按立面式样的10~18直线各点与1~9垂线各点之间的上斜实线长度移在一个水平线上，再把立面式样对应各点之间虚线段（17-1，16-2~10-8等）的长度在水平线上标出，大小辅助半圆的直线段在水平线上垂直对应标出，在展开料上分别画出上升的实线段和下降的虚线段，连接各等分点便求出全部的展开料。

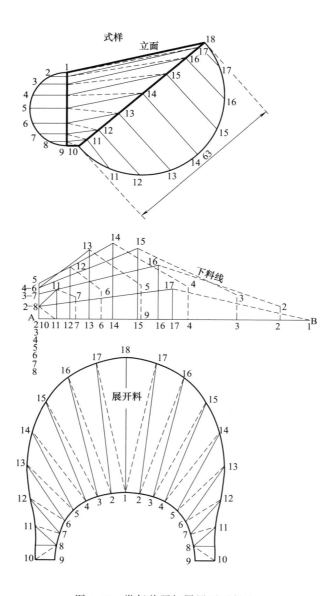

图4-45 类似前照灯罩展开下料法

[实例46]　煤车斗带梢地长方上两圆角展开下料法

煤车斗带梢地长方上两圆角展开下料法见图4-46。

按平面式样画立面式样的各线，按照平面1号线长度在立面水平线上向右定出1号线点，在立面高度的顶端下拉斜线（虚线）交与该点，2、3、4点拉出同样斜率的虚线，5号线在立面水平线的对应点向右量出长度点再拉出斜线，按照平面9号线的长度在立面水平线上向左定出9号线点，再在立面高度的最低点向左拉出斜线交与该点，6、7、8点拉出同样斜率的实线。根据立面上生成的斜线，便可求出全部展开料。

注意：① 5号线段有4条，6号线段也有4条；② 展开料的两个下边长之和等于平面式样的下边长。

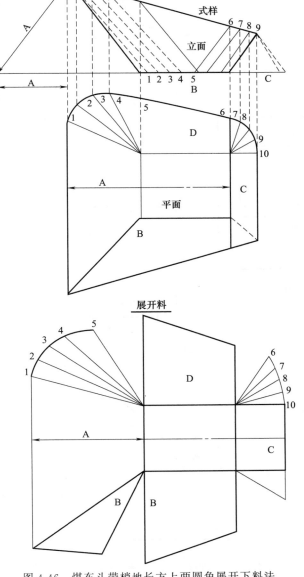

图 4-46　煤车斗带梢地长方上两圆角展开下料法

［实例47］　正方形上口靠一角方拔梢展开下料法

正方形上口靠一角方拔梢展开下料法见图4-47。

将式样对角1、2、3、4线移在高度的水平线上，小口4个角到顶点的距离线标在高度水平线的上边，各斜边的交点定为圆规点，画出内外各4道弧线，4条斜线也为下料线，按甲、乙、丙、丁四部分求出展开料。

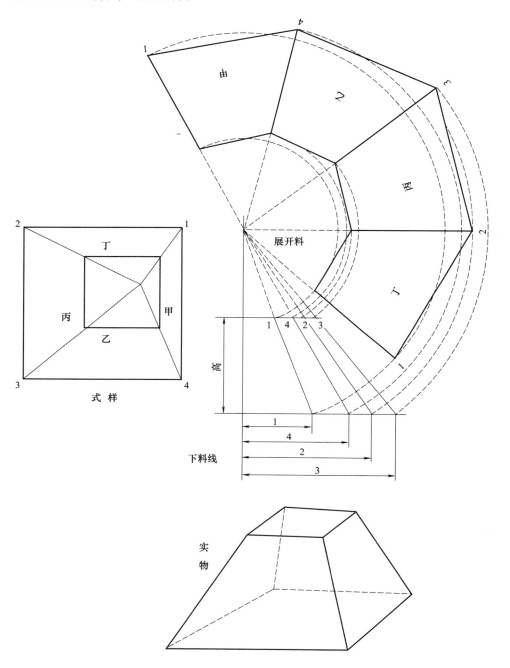

图4-47　正方形上口靠一角方拔梢展开下料法

[实例 48] 天和地丁字式长腰圆形带梢管座展开下料法

天和地丁字式长腰圆形带梢管座展开下料法见图 4-48。

按平面式样画立面 1 和 2 两式样，可辨别出实物的不同形状。根据平面式样 1~9 的实线和虚线，分别移在高度的 90°水平线，向下拉出斜线便是下料线的实长。见图 4-48（a）。

根据平面式样 11~19 的实线和虚线，分别移在高度的 90°水平线，向下拉出斜线便是下料线的实长。见图 4-48（b）。

按平面和立面的式样等分各线及下料线（一）、下料线（二），根据平面式样 A、B 面的方向便求出全部展开料。

注意：展开料两个 11 点距离为立面 1 下边中间距离，9 点~20 点的距离为式样左平面 9 点~20 点的平行距离。

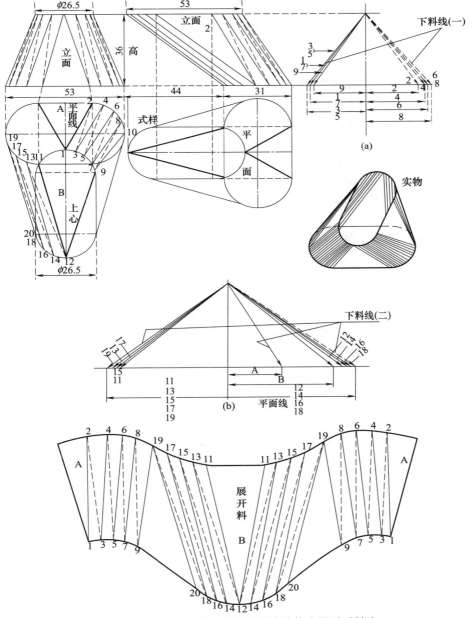

图 4-48 天和地丁字式长腰圆形带梢管座展开下料法

[实例 49] 90°天圆地鸭蛋形管座展开下料法

90°天圆地鸭蛋形管座展开下料法见图 4-49。

按平面式样的 1～9 实线和一～八虚线分别移在高度的 90°水平线上，拉出下斜线，根据平面式样的等分和每面的方向，便求出全部的展开料。

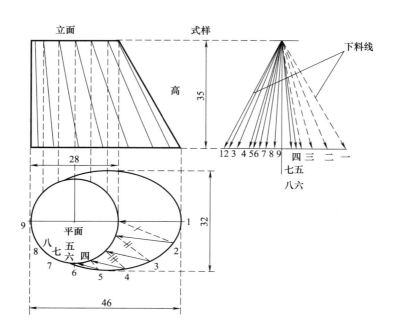

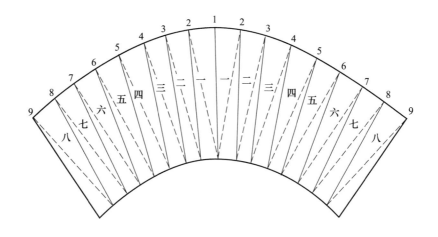

图 4-49　90°天圆地鸭蛋形管座展开下料法

第四节　斜口拔梢体

[实例 50]　下大下小带斜度圆拔梢展开下料法

下大下小带斜度圆拔梢展开下料法见图 4-50。

按平面式样大圆和小圆的等分点及其垂线画立面式样，根据立面式样的斜口各线的交叉点画水平线，按平面式样的实线（0-1、2-3～14-15）和虚线（1-2、3-4～15-16）分别移在高度的 90°水平线上的左边和右边，然后拉出下斜线，便求出下料线。根据平面式样等分和下料线便求出全部展开料。

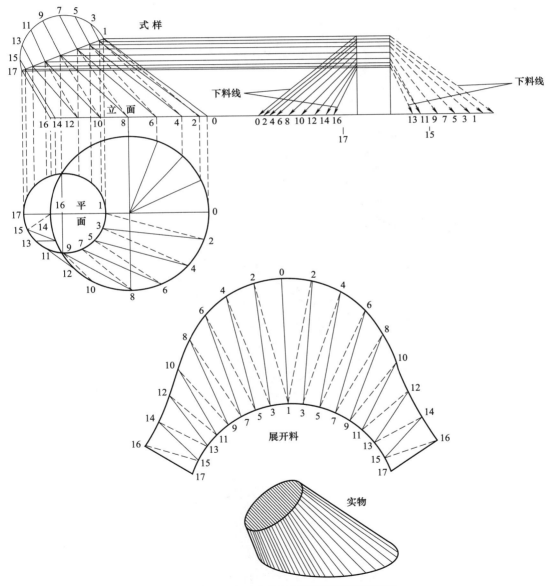

图 4-50　下大下小带斜度圆拔梢展开下料法

[实例51] 上下椭圆形管座展开下料法

上下椭圆形管座展开下料法见图4-51。

按平面式样1～5实线及一～四虚线分别移在高度的90°水平线上的右边和左边，然后拉出下斜线，便求出下料线。根据平面式样大椭圆和小椭圆上的等分点和下料线便求出全部展开料。

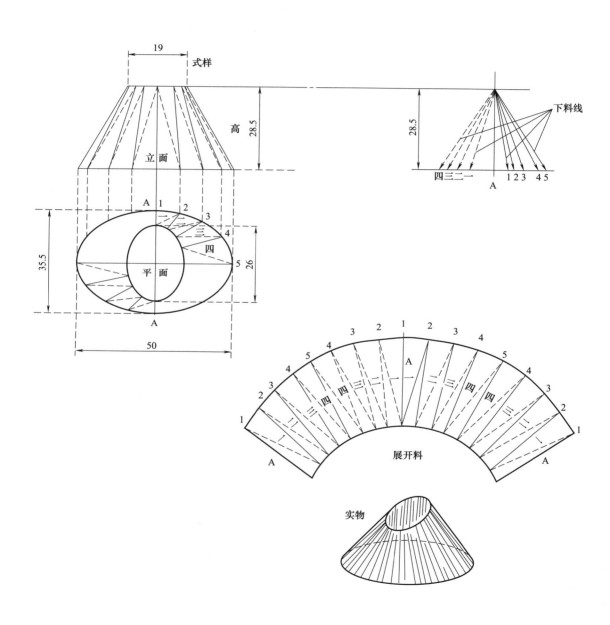

图4-51　上下椭圆形管座展开下料法

［实例52］　铁水包带出水嘴式的展开下料法

铁水包带出水嘴式的展开下料法见图4-52。

按立面式样画平面式样，在半圆上做出9等分。根据1和9的边线画延长线，其交叉点定为圆规点，然后画若干弧线，按等分和立面交叉点画连接线便求出全部展开料不同的弧线。

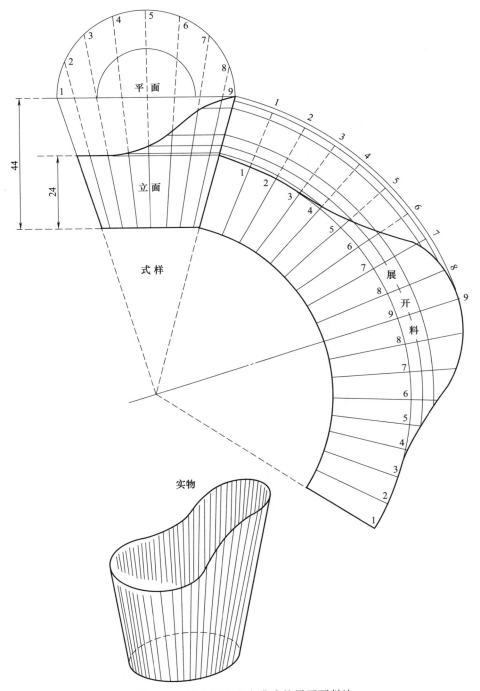

图 4-52　铁水包带出水嘴式的展开下料法

[实例53]　输煤采用漏斗式管接座下料法

输煤采用漏斗式管接座下料法见图4-53。

按立面式样画平面式样，在半圆上做出9等分。按平面式样的实线（1～9）和虚线（一～八）分别移在高度的90°水平线上的左边和右边，然后拉出上斜线，便求出下料线。根据平面式样等分和下料线便求出全部展开料。

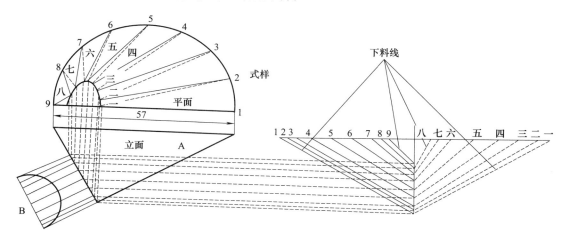

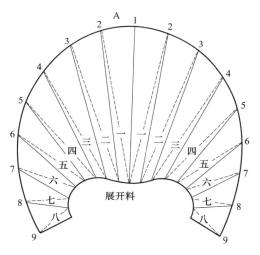

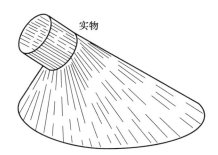

图4-53　输煤采用漏斗式管接座下料法

[实例54] 天圆地方顶边带斜度形展开下料法

天圆地方顶边带斜度形展开下料法见图4-54。

按平面式样的1～5画出立面各斜边的式样，按每根线的交叉点画水平线，分别交与高度线上，再把平面式样的各线段分别移在高度的90°水平线上的左边和右边，按每根线的不同高度拉出下斜线，便求出下料线。根据平面式样等分和下料线及A、B、C各面便求出全部展开料。

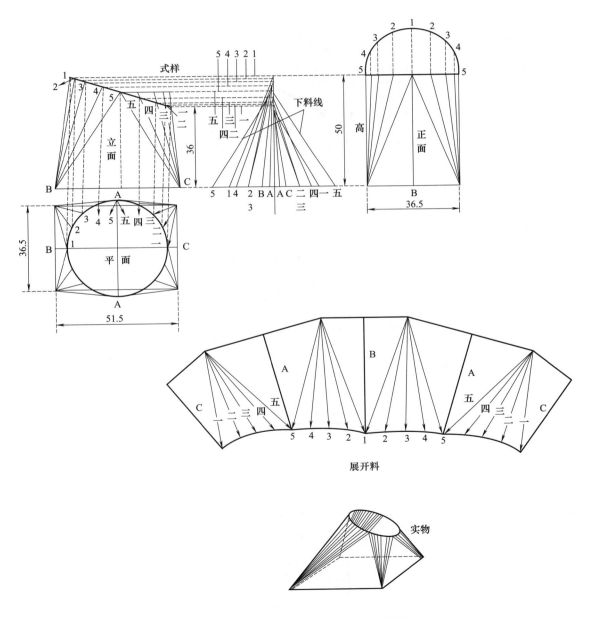

图4-54 天圆地方顶边带斜度形展开下料法

[实例 55]　带梢度的斜管桶展开下料法

带梢度的斜管桶展开下料法见图 4-55。

按式样大小口径分别画出两个半圆并且都分成 7 等分，各等分点向各自的半径画垂线便求出各自的线段长度，按此长度分别移在高度的左边和右边的 90°水平线上，下边是大口的，上边是小斜口的，同时小斜口还要标出高度差，再按每根线的不同高度差拉出下斜线，便求出下料线。根据平面式样等分和下料线的实线和虚线及 A、B 各面便求出全部展开料。

注意：右边下料图中的 6 和 2、5 和 3 为同长度线段。A、B 标记供参考。

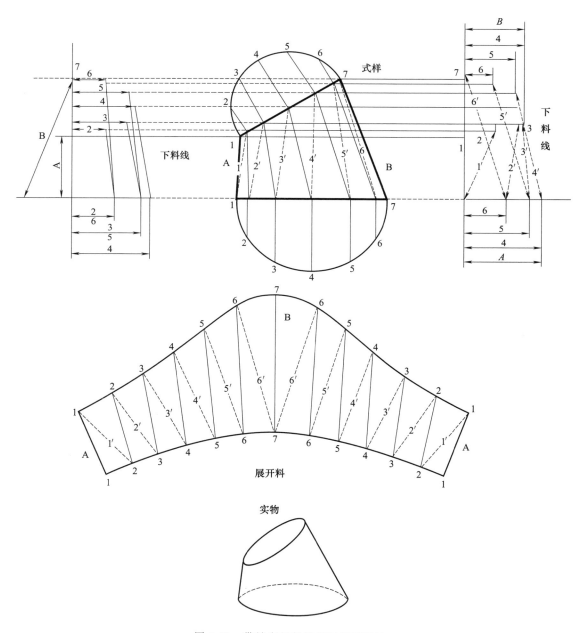

图 4-55　带梢度的斜管桶展开下料法

［实例 56］　按拔梢下料弯头展开下料法

按拔梢下料弯头展开下料法见图 4-56。

按图纸实样的每一节边线画延长线，其交点为圆规定点。按大小口的半径画两个半圆进行 7 等分，再画两个对应等分点的不同间距与 13 条放射性的交点，各点用线段连接起来，便可以求出甲、乙、丙、丁各分节的展开料。

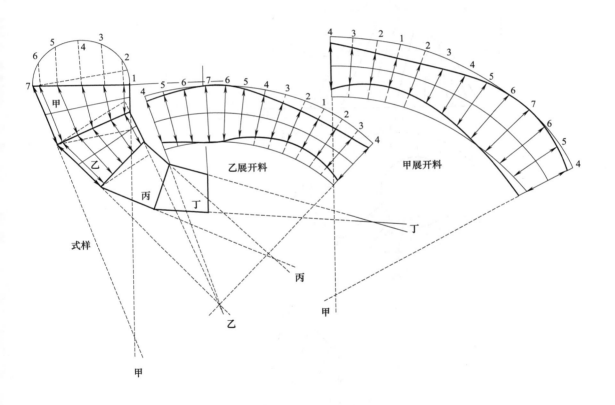

图 4-56　按拔梢下料弯头展开下料法

［实例57］　圆管座地鸭蛋形弯头式展开下料法

圆管座地鸭蛋形弯头式展开下料法见图4-57。

按平面式样画立面式样的各斜边，在半圆上做出9等分。上边是小斜口的还要标出高度差，再按平面式样的实线（1～9）和虚线（一～八）分别移在高度的90°水平线上的左边和右边，然后按每根线的不同高度差拉出下斜线便求出下料线。根据平面式样等分和下料线的实线和虚线及A、B各面便求出全部展开料。

注意：右边下料图的5、6点上有两根线。

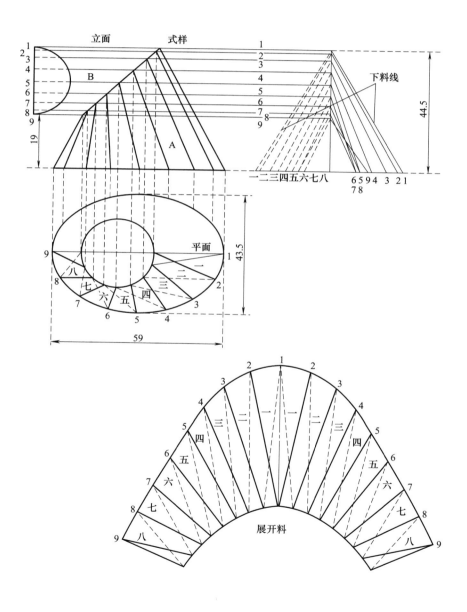

图 4-57　圆管座地鸭蛋形弯头式展开下料法

[实例 58]　带梢度的虾弯管展开下料法

带梢度的虾弯管展开下料法见图 4-58。

按平面式样画立面式样，在上面半圆上做出 7 等分。将立面斜口各线的交叉点画水平线，要标出高度差，再按平面式样的实线和虚线分别移在高度的 90° 水平线上的左边和右边，然后按每根线的不同高度差拉出下斜线，便求出下料线。根据平面式样等分和下料线的实线和虚线，便求出全部展开料。

注意：平面上各线段是外圆等分点与内圆等分点对应的连线。

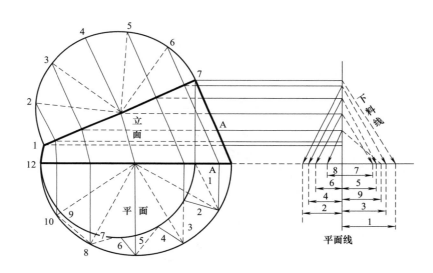

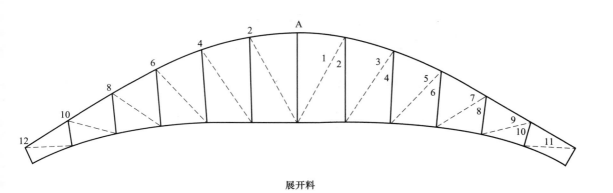

图 4-58　带梢度的虾弯管展开下料法

[实例 59]　斜马蹄拔梢展开下料法

斜马蹄拔梢展开下料法见图 4-59。

斜马蹄拔梢大口 61cm，小口 23cm，高 34.5cm。

① 画出式样的高低。

② 画出大口的半圆，将半圆分为 6 等分；7 个等分点。

③ 在下口的水平线跟上角的点线做延长线找出 90 度的中心点，在此中心点做规距，在半圆上做 1、2、3、4、5、6、7 弧线。

④ 根据以上弧线与半径的交点做规距，画 1、2、3、4、5、6、7 的展开料，与 6 等分的放射线点相交，下口也依此做出，影出另半边，便求出全部展开料。

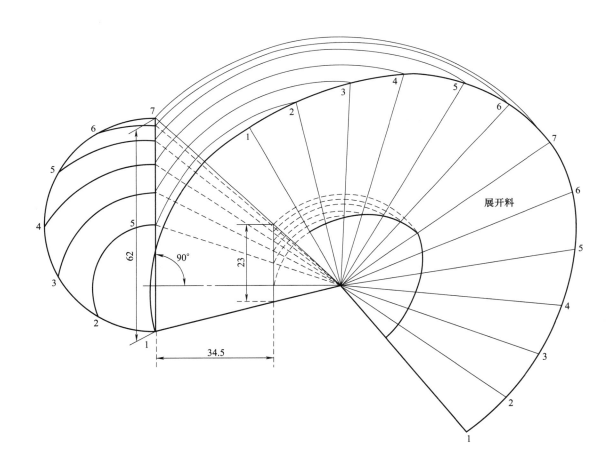

图 4-59　斜马蹄拔梢展开下料法

[实例60]　下圆斜90°上口朝一面管座展开下料法

下圆斜90°上口朝一面管座展开下料法见图4-60。

按平面式样画立面式样，将底面大圆和立面小圆分别做出7等分，按立面小口各等分点画水平线，要标出高度差，再按平面式样的实线和虚线分别移在高度的90°水平线上的左边和右边，然后按每根线的不同高度差拉出下斜线便求出下料线。根据平面式样等分和下料线的实线、虚线，便求出全部展开料。

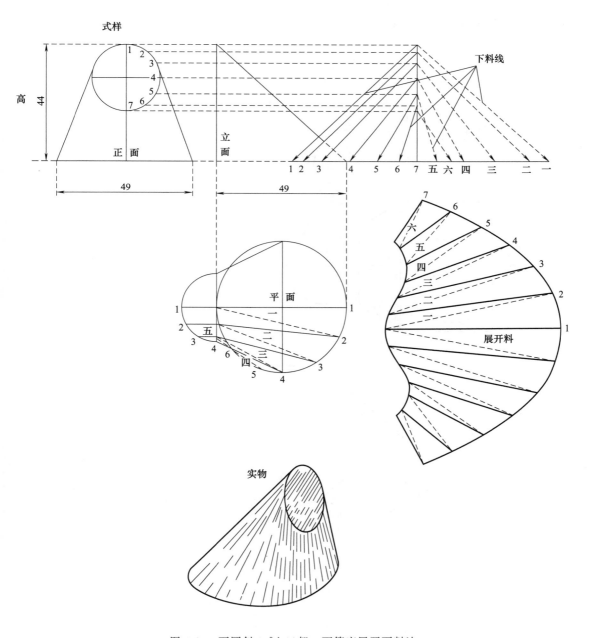

图4-60　下圆斜90°上口朝一面管座展开下料法

［实例61］　58°方圆管座展开下料法

58°方圆管座展开下料法见图4-61。

按平面式样画立面式样，将圆口做出若干等分。根据A、B、F三角画水平线，再按平面式样的短斜线5、6、7、8、9和长斜线1、2、3、4、5分别移在高度的90°水平线上的左边和右边，然后按立面每根线的不同高度差做出下斜线便求出下料线。根据平面式样等分和A边以及立面式样B、F两边的方向，便求出全部展开料。

该下料线的求法是定点不动平面线，按立面式样线号画水平线，将平面式样的线号移在立面式样水平线和定点垂直线的交叉点上，便求出各线号的实长下料线。

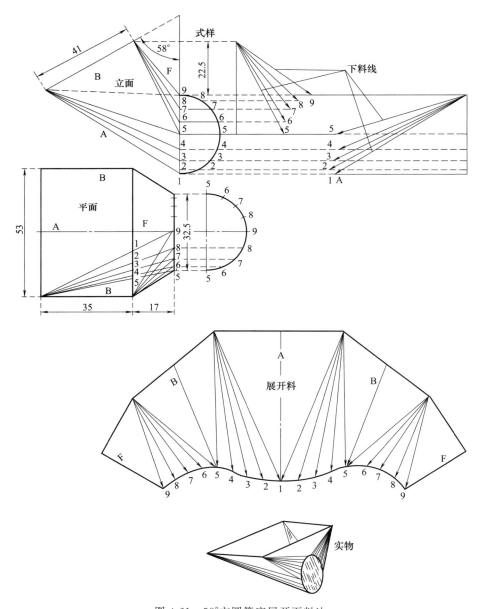

图4-61　58°方圆管座展开下料法

第五节　异形三通马鞍座体

[实例 62]　上圆下腰圆不同径马鞍座展开下料法

上圆下腰圆不同径马鞍座展开下料法见图 4-62。

按立面式样画侧面式样，仿照立面辅助半圆等分法画出侧面式样等分线，根据两个 1 点垂线延长和两个斜边的延长交点定出两个圆规点，向立面的 1～5 水平线画弧线，求出下料线、根据立面式样等分和下料线的实线长以及 A 的方向，便求出全部展开料。

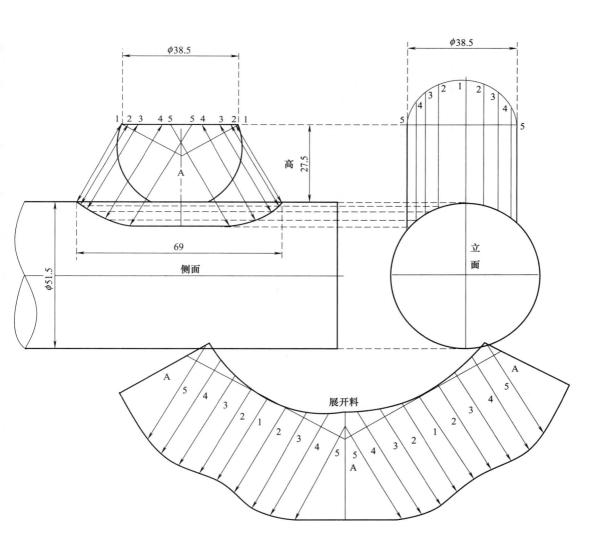

图 4-62　上圆下腰圆不同径马鞍座展开下料法

［实例 63］ 上圆下腰圆拔梢马鞍展开下料法

上圆下腰圆拔梢马鞍展开下料法见图 4-63。

根据右视图中圆的等分点 1、2、3、4、5，向左拉出 5 条水平线与立面式样辅助半圆 5 个等分点拉出的平行斜线相交，量出一、二、三、四、五和 1、2、3、4、5 还有 A、B 等线段的长度，即下料线。根据立面式样等分和下料线的实线长以及 A、B 的方向，将全部交点连线，便求出全部展开料。

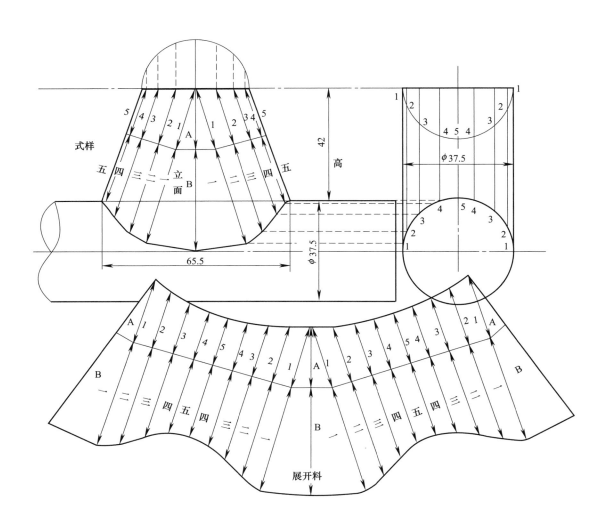

图 4-63　上圆下腰圆拔梢马鞍展开下料法

[实例64]　天方大地圆相同正马鞍展开下料法

天方大地圆相同正马鞍展开下料法见图4-64。

按平面式样画立面式样，将圆口做出若干等分，根据 A 的斜口 1、2、3、4 画水平线，再按平面式样 B 的 1、2、3、4 移在立面高度上口的水平线上，然后按立面每根线的不同高度差做出上斜线便求出下料线。根据平面式样等分和 A 边以及 B 边的方向，便求出全部展开料。

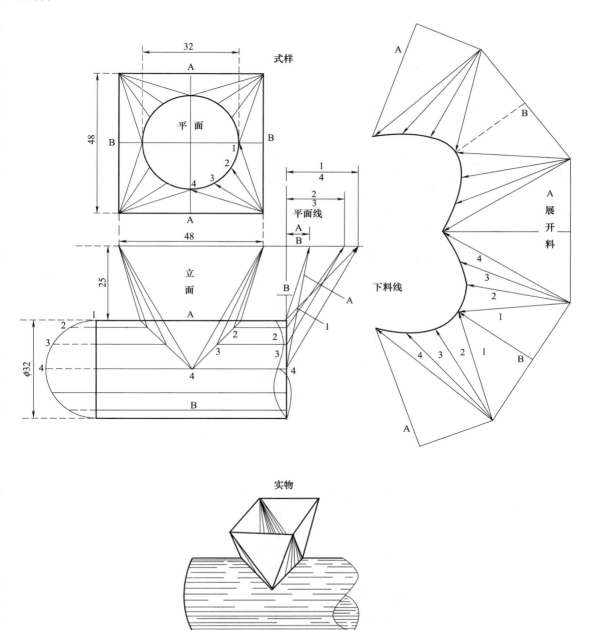

图 4-64　天方大地圆相同正马鞍展开下料法

[实例65] 天圆地鸡蛋形带马鞍展开下料法

天圆地鸡蛋形带马鞍展开下料法见图4-65。

按平面式样画立面式样斜口做出若干等分，然后拉出5条水平线。根据平面式样1、2、3、4、5实线和一、二、三、四虚线分别对应移在立面高度下口的5条水平线上，按立面每根线的不同高度差，做出下斜线，便求出下料线。根据下料线和立面式样等分以及平面鸡蛋形的4等分，便求出全部展开料。

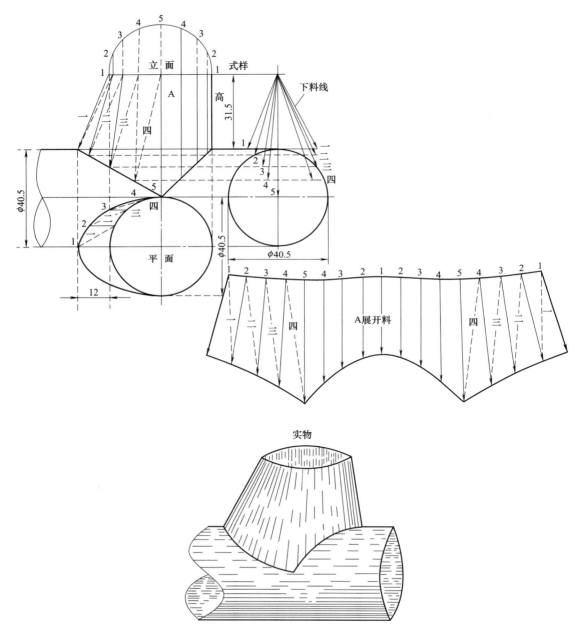

图4-65 天圆地鸡蛋形带马鞍展开下料法

[实例66] 下大上小十字形的带梢马鞍展开下料法

下大上小十字形的带梢马鞍展开下料法见图4-66。

按式样大小口分成若干等分，上下对应拉出斜线，再按两条斜边的延长线交点定出圆规点，小口的圆弧半径取圆规定点到小口4点的距离，在此弧长上定小口的13个等分点，然后此半径加上小口长箭头的线长再画一个弧线。大口的圆弧半径取圆规定点到大口1点的距离，然后半径加上大口长箭头的线长再画一个弧线，在此弧长上定大口的13个等分点，按照式样大小口等分和各线的顺序便求出全部展开料。

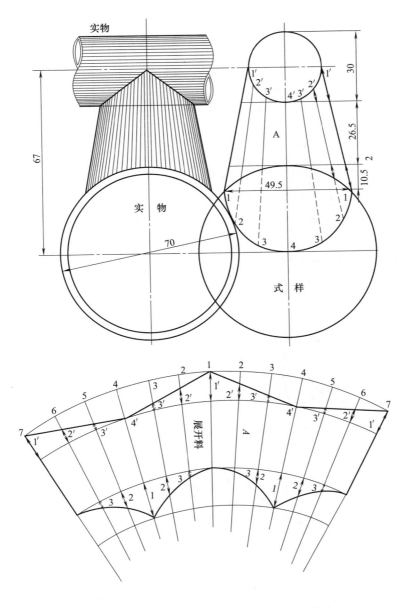

图4-66 下大上小十字形的带梢马鞍展开下料法

[实例 67]　锥体帽上带马鞍管两种展开下料法

锥体帽上带马鞍管两种展开下料法见图 4-67。

按立面式样画平面式样，在各自的两辅助半圆上做出若干等分，然后拉出对应的 7 条垂线，在桃形周边 4 个交点。按 4 个交点和大圆心做 4 条射线交与大圆周的 5、6、7、8 点，同时在桃形内口形成 1、2、3、4 等交点。根据立面式样的斜边画出 25 等分的扇形，在扇形上还要标出桃形的 5、6、7、8 点，最后量出锥顶到管口 1～9 点的距离，形成 17 个交点，将其连接成线便求出 A 展开料。

依据管径的若干等分点和立面式样 B 图 9 条水平线段便求出 B 展开料。

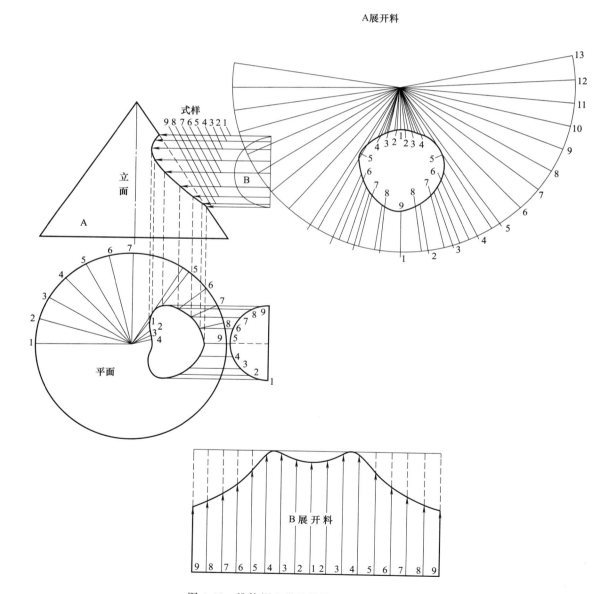

图 4-67　椎体帽上带马鞍管两种展开下料法

[实例 68]　熔化炉出铁水嘴展开下料法

熔化炉出铁水嘴展开下料法见图 4-68。

先画十字线，由十字线中心画出大小圆，然后再画 A 的圆，便画出平面式样。由平面式样再求立面，按中心线画水平线，再定大小头的距离，便求出立面。根据平面 A 求立面的 A，按斜边将立面 A 画半圆求等分，与平面 A 等分的垂线都相交与立面上口平线，延长5 个交点线交与 A 的轮廓线于 1′、2′、3′、4′、5′点，从此 10 个点画出 A 斜边 90°的线段与半圆的等分线相交，将这些交点连接起来形成边线，便求出展开料。

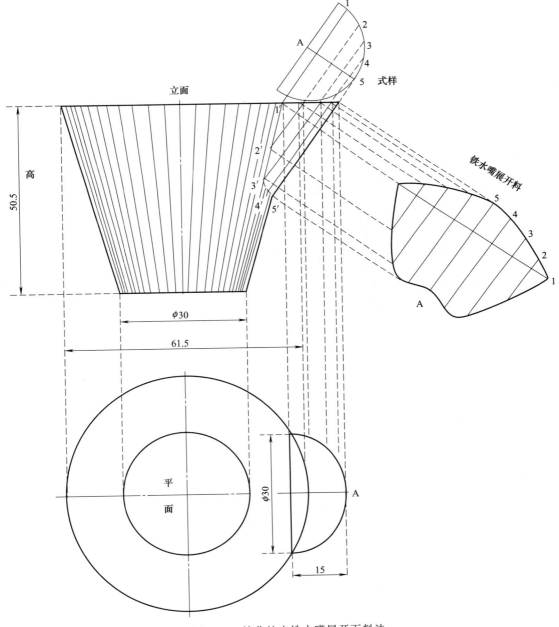

图 4-68　熔化炉出铁水嘴展开下料法

[实例 69]　拔梢桶带斜度骑马展开下料法

拔梢桶带斜度骑马展开下料法见图 4-69。

由平面式样画立面式样，按 A 画半圆求等分，根据平面式样 A 管与大小圆的交点画出 8 根水平线立面的轮廓线，从此 7 个点画出 A 管边 90°的线段与半圆的等分线相交，将这些交点连接起来形成边线，便求出展开料。

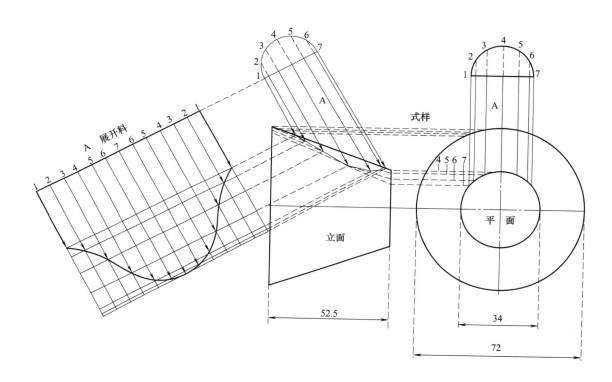

图 4-69　拔梢桶带斜度骑马展开下料法

[实例70]　偏心马鞍展开下料法

偏心马鞍展开下料法见图4-70。

按式样A的圆周画半圆分若干等分，由等分求下垂线便是下料线，根据A管圆周的等分距离和下料线相交点，将这些交点连接成边线，便求出全部展开。展开料二与展开料一相同，只是对口线不同。不论哪条线都可以做对口线，但普通对口都在中心线或边线。

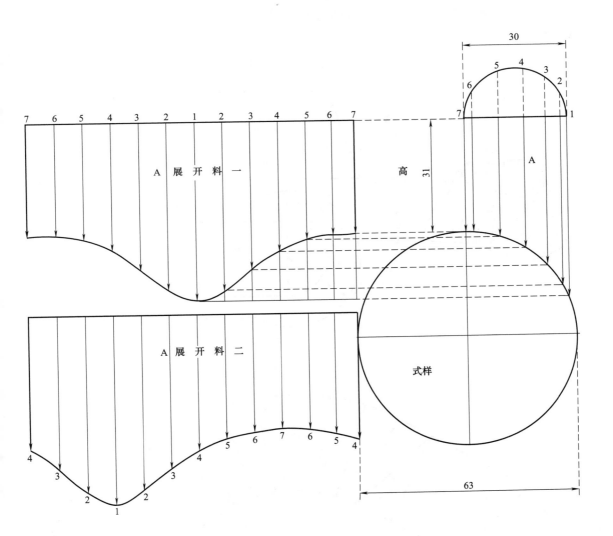

图 4-70　偏心马鞍展开下料法

第六节 异口形管

[**实例 71**] **下方一头圆上小方一头圆展开下料法**

下方一头圆上小方一头圆展开下料法见图 4-71。

画出平面式样和立面式样，按平面式样 1、2、3、4、5、6、7、8、9、10、11、12 和 A 的高线，再按平面式样的实线和虚线的长度分别移在高度的 90°水平线上的左边和右边，然后按高度拉出下斜线便求出下料线。根据平面式样等分和下料线的实线、虚线，便求出全部展开料。

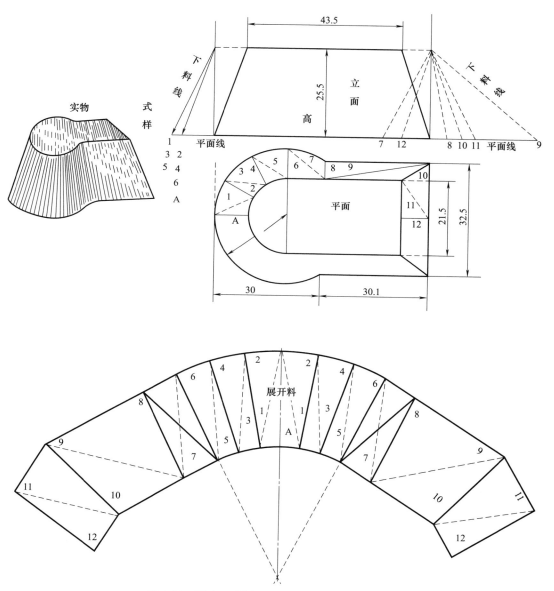

图 4-71 下方一头圆上小方一头圆展开下料法

[实例72]　椭圆弧形带斜度展开下料法

椭圆弧形带斜度展开下料法见图4-72。

按平面式样甲、乙画出侧面式样，根据侧面甲、乙式样A、B方向和1、2、3、4、5、6、7、8、9线段和一、二、三、四、五、六、七、八、九线段的等分距离，便求出展开料。

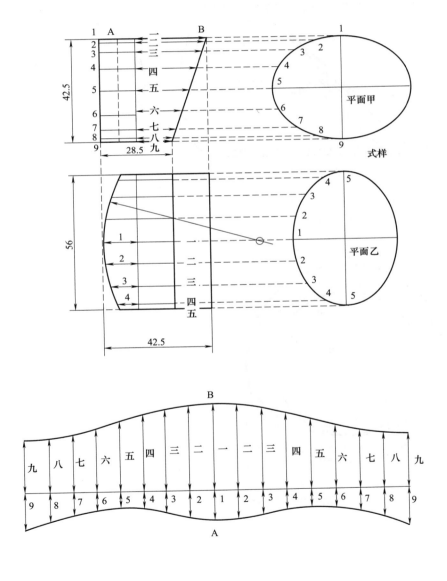

图4-72　椭圆弧形带斜度展开下料法

[实例 73] 挡板闸门下料法

挡板闸门下料法见图 4-73。

画平面式样及侧面式样，根据甲'乙'画下料图的甲'乙'，圆周分成若干等分，如 1、2 及甲、乙，甲'的等分按甲、乙等分交点画水平线，乙'按 1、2 画垂线，求出的交点，便是挡板边线连接点。根据交叉连接点，便求出挡板料。

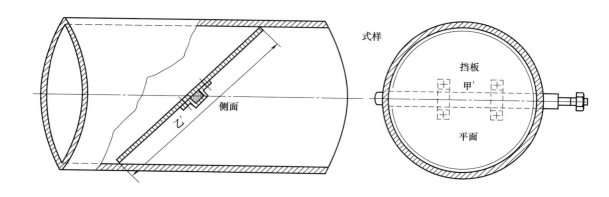

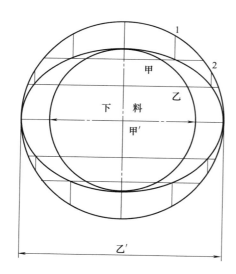

图 4-73　挡板闸门下料法

[实例74] 搅龙展开下料法

搅龙展开下料法见图 4-74。

假设搅龙轴为 30cm，用此数乘 3.1416，等于 94.248cm，这是展开的长度。搅龙翼距 40cm，因此下料斜线长用平方和求得为 104cm，以此数乘 0.3183，等于 33.10424cm 这就是料的内径，外径加两倍的翼宽便求得。

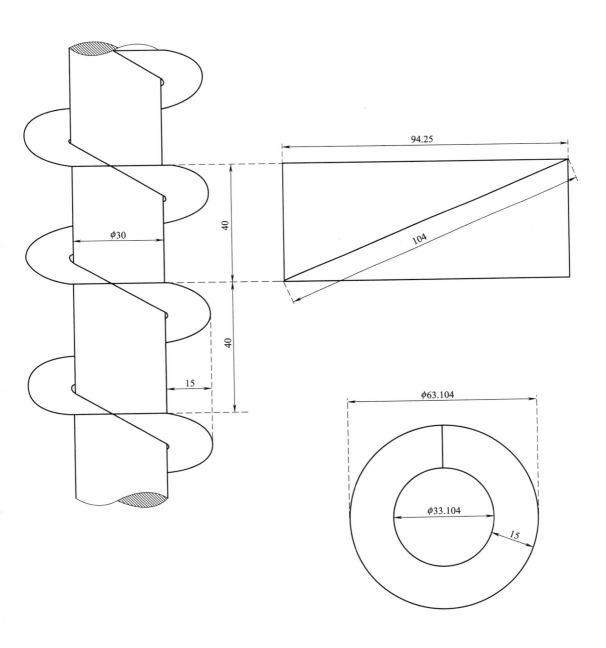

图 4-74 搅龙展开下料法

[实例 75]　鼓风机外壳展开下料法

鼓风机外壳展开下料法见图 4-75。

① 首先在中心画一正方线，根据正方线的角定圆规点，由 1 开始画 90°至 2 线，2 线按 1 线画过来的线头定规点画 3 线至若干线。

② 首先画中心点定正方形，根据正方形中心水平线的 1/4 定圆规点画 45°圆弧，注意起点可画 90°，尾点可画 135°，中间按 45°画弧线，不可超过度数。

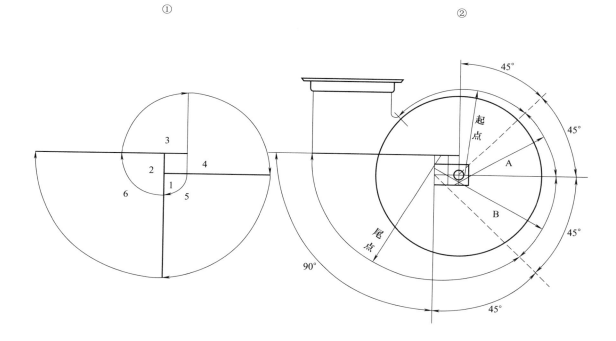

图 4-75　鼓风机外壳展开下料法

第七节 曲面球（弧）体

［实例 76］ 热风包顶为 12 等分展开下料法

热风包顶为 12 等分展开下料法见图 4-76。

按式样分若干等分如 1、2、3、4、5、6、7 等分，依据上方辅助半圆中间的 6 个箭头长度为下料线，求出展开料。根据展开料的样板，便求出全部 12 等分展开料。

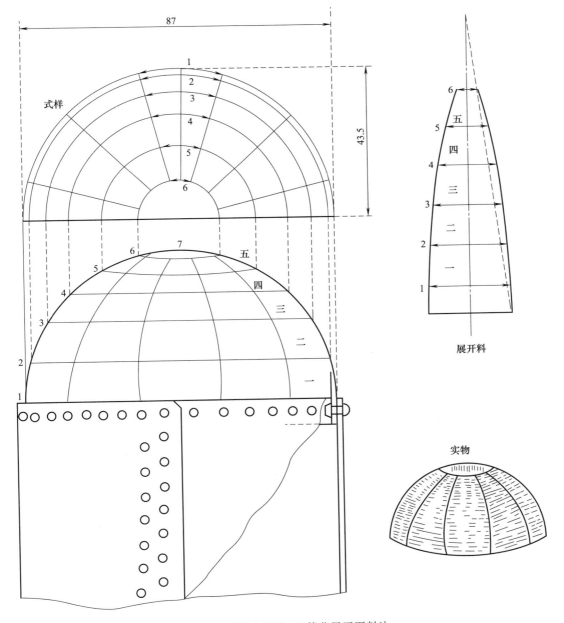

图 4-76 热风包顶为 12 等分展开下料法

［实例 77］ 六角亭顶盖下料法

六角亭顶盖下料法见图 4-77。

画出平面式样的六等分之一，如 A，按 AD 画立面式样，求下料线 1、2、3、4、5、6、7、8、9、0 各线，再按 1～4，0、5、6、0 和 0、7、8、9 三个圆弧分别进行 3 等分。把 9 根等分垂线量在 X 轴上，按 AP 等腰三角形的半边做斜线做出 9 根下料线，便求出 AD 的展开料。以此做样板，同样再划出 B、C、D、F、G 等部分，便求出全部展开料。

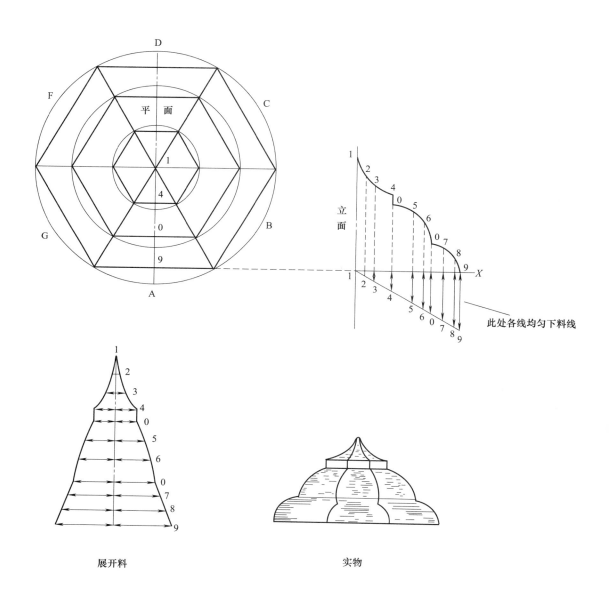

图 4-77　六角亭顶盖下料法

[实例78] 找特大圆弧线下料法

找特大圆弧线下料法见图4-78。

画特大的弧线先知道长度和弧的深度尺寸，由长度的中心和深度为半径画一左半圆，分1/4圆为若干等分与长度一半的等分数一致，然后根据甲的定点和等分交叉的距离向左右展开求弧的交叉点，根据弧的交叉点便求出弧的边线。具体步骤为：

① 在房架子中线和水平线的深度画出半圆，将半圆的一半分为6等分。

② 然后从每一等分向半圆的下角拉出斜线。

③ 再将房架子从中点往两端各分为6等分。

④ 再按深度半圆的1、2、3、4、5、6各线段长度，画出房架子的1、2、3、4、5、6两个6等分的长度。

⑤ 根据各线段的长度画出弧线即可。如果房架子过大，也可再多分几等分。

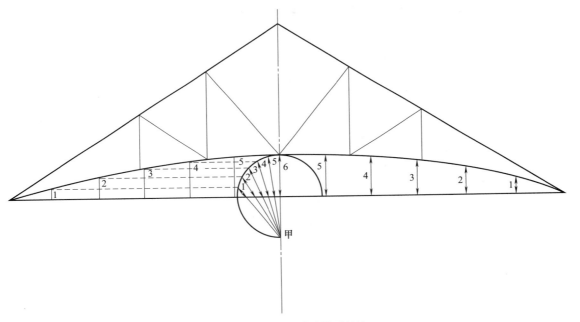

图4-78 找特大圆弧线下料法

思 考 题

1. 按照图4-3不同径斜马鞍展开下料法所示步骤在图纸绘出展开图，图中尺寸放大3倍。然后在实训室按展开图用2mm钢板下料再用胎具冷做成形。

2. 按照图4-7长方拔梢展开下料法所示步骤在图纸绘出展开图，图中尺寸放大3倍。然后在实训室按展开图用2mm钢板下料再用胎具冷做成形。

3. 按照图4-20上圆下三角形带梢桶座展开下料法所示步骤在图纸绘出展开图，图中尺寸放大5倍。然后在实训室按展开图用2mm钢板下料再用胎具冷做成形。

4. 按照图4-53输煤采用漏斗式管接座下料法所示步骤在图纸绘出展开图，图中尺寸放大5倍。然后在实训室按展开图用2mm钢板下料再用胎具冷做成形。

5. 按照图 4-64 天方大地圆相同正马鞍展开下料法所示步骤在图纸绘出展开图，图中尺寸放大 5 倍。然后在实训室按展开图用 2mm 钢板下料再用胎具冷做成形。

6. 按照图 4-71 下方一头圆上小方一头圆展开下料法所示步骤在图纸绘出展开图，图中尺寸放大 5 倍。然后在实训室按展开图用 2mm 钢板下料再用胎具冷做成形。

7. 按照图 4-74 搅龙展开下料法所示步骤在图纸绘出展开图，图中尺寸放大 2 倍。然后在实训室按展开图用 2mm 钢板下料再用胎具冷做成形。

8. 按照图 4-76 热风包顶为 12 等分展开下料法所示步骤在图纸绘出展开图，图中尺寸放大 5 倍。然后在实训室按展开图用 2mm 钢板下料再用胎具冷做成形。

实 践 题

1. 冷作放射状线段胎具制作：两块 300mm×50mm×5mm 扁铁，八字形侧立焊在 300mm×200mm×10mm 钢板上，小头间距 40mm，大头间距 120mm。

2. 冷作圆弧线段胎具制作：两块 300mm×50mm×5mm 扁铁，平行侧立焊在 300mm×200mm×10mm 钢板上，平行间距 60mm。

第❺章 ▶▶▶

焊接结构件的计算机辅助展开下料方法

　　《CAD钣金展开软件》是为了适应现代社会生产加工的需要，解决企业各种钣金构件展开图的放样下料而编制。使用时操作者只需将相关数据输入计算机，即可得到放样下料所需的构件图和展开图，并自动标注各种相关尺寸，可按标准图纸打印输出，解决了现场放大样和人工计算的繁杂和误差，可提高工作效率和精度，降低劳动强度和生产成本，能够保证钣金构件的准确加工。软件汇集了7大类140多种常见的钣金构件，不仅有圆管、圆锥管类型的弯头、三通以及各种相交构件，还有矩形、方圆接头、球罐、螺旋等各种类型的钣金构件。为了简便起见，这些构件示意图多为一般样式，同一种形式不同结构的构件，只要输入不同的数值，即可得到不同的下料数据和展开图形。CAD版可调用AutoCAD软件画展开图。

第一节　计算机辅助展开下料特点

一、计算机辅助展开下料方法的优点与局限性

1. 优点

① 自动化整体完成展开放样出下料图。

② 同步整体出构件图和下料图。

③ 还出下料面积。

2. 局限性

① 由于打印设备打印图样面积的限制，限于零号图纸的范围，较大面积的焊接结构件的展开图无法完整地打印出来。

② 小微企业购买大型打印机成本较高。

③ 大型金属结构件无论在现场还是在工地，其展开制作必须划各种线段，计算机无法划出，展开下料的划线机器人目前还无法研发上市，所以必须人工划出展开制作各种的线段。

二、计算机辅助展开下料技术

　　计算机辅助展开下料技术只是一种现代化技术手段，是建立在人们感性和理性的专业知

识之上的。没有展开下料基层知识的学习以及实践动手能力的训练很难把计算机辅助展开下料技术应用得很好。工厂和工地的实践告诉人们，一些技术娴熟的大工匠和经验丰富的工人技师，其展开下料速度和准确性比计算机辅助展开下料要快要准。这就好比速算大师培养出的一些学生，其四则运算的速度和准确性比计算器要快要准一样道理。

三、软件版本

软件分为 CAD 版和普通版两种版本，两种版本基本功能相同，CAD 版可调用 AutoCAD 软件画展开图，而普通版没有这个功能。

第二节　计算机辅助展开下料的操作

一、启动 AutoCAD

在启动 AutoCAD 之后，多数情况是图形绘制，部分情况是图形编辑修改，少数情况是查看图形内容，但不论是什么情况，《钢构 CAD》都提供了各种情况下的实用操作程序，此处先从全新绘制图形开始。

启动 AutoCAD 之后，出现一个绘图环境的配置，虽然 AutoCAD 提供了可自定义的图形模板，但远不能满足基层操作者的方便要求。

① 启动开机优化程序，可快速设置常用及自定义图层、线型、捕捉、追踪等。自动加载的常用图层线型有：粗实线、中实线、细实线、虚线、轴线等。自定义图层及其线型、线宽、颜色，可在任意一幅图中获取并保存，以后就可在任意一幅图中随时加载。可方便地复制任意一幅图中所有图层（图层名、线型、线宽、颜色）到另一幅图中，图层设置更轻松。本程序中的虚线和轴线可随着不同的比例自动调整，以确保在画图和打印过程中，都能很好地看到和打印出统一美观的线型。

② 在完成第①步之后，CAD 中的图层及其与之配套的作图环境，都具备了开始画图所想要的各种设置，在程序默认下已在轴线（可随比例自动调整）图层下开始画图。

开始时先画出所想画图形的大概外形轴线框，此时启动插入图框程序，在未确定比例的图形中，可用此程序量取适宜的出图比例，此时可不受规定绘图比例如 1∶100 等的限制，可根据自己的打印机情况，设置最经济的出图比例，例如 1∶130 等。插入各类图框的同时，按其比例自动设置多种标注样式，可满足一幅图中不同比例的标注，可选择不同用户图标栏、不同的标注文字大小，自动调节图中各类线型比例，自动切换建筑与机电标注箭头，此程序将会彻底摆脱标注样式设置的繁琐流程，用傻瓜的方式达到整洁美观的效果。其中标注字体大小的调节，对视力不好的人或图面空白较大的图纸，可用本程序调大标注字高后空插一次图框，则可瞬间将图中所有标注字体调大，反之，如图面布局很紧，则可调小标注字高，使图面标注文字，不会因拥挤或互相重叠而影响查看。

在以后的图形编辑中，也可随时启动插入图框程序，灵活调整所有图中的各种标注参数及线型等。

二、AutoCAD 中途运用

这种情况占据了 CAD 大量的运用范围。同样，《钢构 CAD》也提供了大量经典实用的程序，对中途运用进行强有力的支持，由于程序太多，具体可见命令索引，此处只略举几个能让操作者更顺畅的程序参考。

① 一键图层。将数字键 1～5 作为命令，调入自定义图层（包括其线型、线宽、颜色）。此命令可在任意一幅图指定相应图层，则在以后任意调入这些设置，也可以随时修改或清除其设置。让图层操作更轻松、更具有个性。

② 一键优化。在 CAD 运行过程中，不可避免地会出现一些有意或无意的错误设置，特别是 CAD 新手，此时启动本程序，即可完成常见 CAD 系统疑难命令与变量的优化设置，让 CAD 新手也可彻底摆脱这方面的困扰，让 CAD 老手腾出记忆空间去接受更新的知识，在几秒内只用一键即可完成全面优化，让你随时都能有一个良好的作图环境。

③ 一键查询。在 CAD 操作过程中，不可避免地会需要核实以前的一些尺寸数据之类的内容，此时启动本程序，移动光标停到要查询的图形上，则图面上自动显示该图形的相关信息，如长度、面积、多段线是否闭合、图形所在图层、角度、标注替代文字等，远比 Auto-CAD 的特性查询要方便快捷实用。

④ 文字对齐。将多个无序放置的单行文字，在图中指定两点，即可自动移动向左对齐，并等分行距均匀排列，对一些杂乱放置的多个单行文字特别有效。可选择中对齐或右对齐，任何对齐均自动等分竖向行距。这对图中有文字说明的内容，能起到将文字表达形象优化美观的效果。

⑤ 乱码杀手。任何 CAD 操作者，都体会过 CAD 图中字体不能完整显示的滋味，特别是一些文字显示为乱码时，更是让人烦恼甚至无法正常工作。此时一个 CAD 老手则能通过字体设置或补充字体之类的设置来解决，而《钢构 CAD》则提供一个快刀斩乱麻的方式，让你在几秒内，用乱码杀手将这些烦恼赶尽杀绝。

⑥ 数据累加。大多数 CAD 图形中，都会涉及一些数据运算，而数据相同用得更多。《钢构 CAD》提供了加减乘除等运算程序，但对常用的数据累加，则提供了一个超越常规思维的累加方法。即直接从图中选取各类数据字符：a. 只要图中有数据文字的内容，如单行或多行文字的开头或中间或结尾处的数字，都可以相累加出来；b. 对于各种标注，如对齐标注、线性标注、半径标注、直径标注、角度标注等，都可以把标注中的真实尺寸数据累加出来，这对于标注数据相加时，特别方便；c. 对于图中带单位的数据，如 3.6T、23kg、67 台、12 棵之类的带计量单位的数字，可以在单独指定需要累加的计量单位后，程序自动把框选的一堆数字中，指定计量单位的数据累加出来，而计量单位不同的数据将不会被计算，对于表达不同含义内容的数据，而且此内容在图中又多又杂时，只要框选整幅图形，此时可以像大海捞针一样把你特定想要的数据内容一个不漏地捞出来。

⑦ 改写今天。绝大多数图中，都会标注日期，但对于事情繁杂又忘我工作的人来说，连今天是几号都一时想不起来或需要查看一下，此时只要点击改写今天程序，则可直接将图中文字改为六位数模式的今天日期，在完成操作要求的同时，在命令行显示今天是星期几。这便是从最基层的细节，提供最周到体贴的运用程序。

⑧ 统一系列程序。一幅图中会有各种各样的内容，如标注、单行文字、多行文字、圆形、图案填充等，而我们在专心画图时，又不可能面面俱到，这样最后的一幅图形，如果种种内容的显示归类杂乱无章时，就会给人一种画图不用心或一眼就能看出其画图者的 CAD 操作水平。这种情况对很多 CAD 新手来说，在短期内无法取得突破性提高；对很多 CAD

老手来说，也要花费不少时间与精力才能达到的效果。

而使用《钢构CAD》，将能够在几秒内，改变和提升这种情况达到完美效果。就像自动洗牌机一样，在瞬间之内，将图中所有内容，分门别类的自动化调整归类，最终达到让人一眼就能看出图典型内容的区别，特别是标注内容，更是体贴入微地让人一眼看出其修改过的重点内容或其标注的真实可靠性，这对标注尺寸核查，非常重要而又简单。

⑨ 会画图的五金手册系列及画型钢杆件系列。应该说绝大多数基层工程师，在工作中都免不了会与五金型钢打交道，有的还要常画一些型钢图形。这种情况下，就有了各种各样的五金手册书籍或电子版五金程序。

《钢构CAD》从最基层的运用要求出发，将常用的各种五金型钢构，收集在一起，点击程序后就可以查询各种型钢的相关数据，并按所需的放大倍数，将型钢图形插入图中。广泛适用于在工作中要查询五金手册的工程师，同时还可自动画出其图形，达到一举两得的效果。

对于一些常用的型钢杆件，提供了按不同视角要求直接画出型钢杆件的图形，并自动在图形上标注型钢型号和尺寸重量。这对于需要画一些钢结构图的朋友特别有用，因为型钢图形中的线条内容太多，手工画图工作量太大，而用本程序，则将多视角画图与重量计算合二为一，自动同步完成画图与标注工作。

⑩ 体面积计算系列程序。任何理工科的技术管理工作，都离不开体面积的计算。而一些不常用的计算公式，不翻书是记不得的，甚至翻书也翻不到，或翻到了其计算过程也很麻烦。

《钢构CAD》对一些常见但不常用的计算流程，用图文并茂的程序界面，只要启动本程序，几秒内一路点空格键，就能看到计算效果，对照示意图输入已知数据，单击［计算］按钮，则可同时得到与输入数据相关的很多有用的计算答案。

⑪ 局部刷新。可选择图中指定内容后，将其刷新，而别的内容则保持不被刷新。这个程序对一些内容很多的大图，在查看、查询或局部处理时，特别有用。原AutoCAD程序的刷新命令，是要对整幅图中内容进行刷新，但这样特别费时间，对一些图特别大而配置又不好的电脑来说，这是一个令人难过的现象，费时不说，有时直接就是死机了。局部刷新，可有效地解决这个问题，给大图操作者带来瞬间刷新的效果，与整体刷新相比，要节省太多的时间。"局部刷新"命令是RR，强烈推荐大家使用。

⑫ 输入透明背景矢量图。这对别的相关软件，如文档、表格、资料软件等很有用，当这些资料中要插入CAD图时，就可以很方便地使用这个功能，可以插入一个无限放大但很清晰的图片。虽然这是AUTOCAD中的基本功能，但原功能操作有点麻烦，在此将其简化，对很多朋友来说，提供了更大的方便。

还有更多通用又实在的程序，例如：连续编号、自动序号、文字下划线、自动标高、XY或AB坐标标注、插入表格、数字递增或递减复制、角度换算等。

还有更多建筑土建专业的程序，例如：钢筋计算代换、简支梁受力计算、自动画楼梯、画对称符号、常用梁板柱的受力配筋计算等。

还有一些细致入微的实用程序，例如：线长累计、面积标识等，大家知道，长度最常用的画图计量单位有毫米、米。面积最常用的画图计量单位有毫米、米，而答案单位又是平方毫米、平方米、亩等。在 CAD 中常以毫米为数据单位画图，用线长累计、面积标识等程序可以为一些图形统计标识提供最快捷的方法，但此时如果答案单位不是你想要的，你就要扣除小数点运算，但如果是面积单位，那就会带来一大堆的小数点移位，这就难以最直观地得到你想要的答案。而《钢构 CAD》在这类程序中，提供了已知画图单位和未知答案单位的直接交叉点选换算功能，最直接方便地让你得到想要的指定单位数据，同时还可将答案直接写入图中，为你提供最体贴周到的程序服务。

还有一些跨专业、多工种的程序，例如：耐火砖数量计算、画法兰盘、焊缝符号标注、粗糙度标注等，让你在工作中，碰到此类超出自身知识范围的工作内容时，能够有备无患，不至于无从下手。

三、打印出图和图形关闭

每一幅图的最终表现，都要通过打印出图后，才能进行表达交流。

《钢构 CAD》对这类最常用的运用，提供了能让 CAD 新手，通过简单的操作，同样能自动化达到完美效果的程序。

一张图纸从外观上来说，能达到线条按层次粗细有别、按效果区分虚实用度、标注文字清晰并与图纸繁杂相适应、表达文字整洁顺眼，就应该满足图形表达效果了（当然不是指图形或文字内容的正确与否）。

在画图开始的时候及绘图过程中的各种程序，例如开机优化、插入图框、统一标注及文字等图层等程序的运用，都为最终打印出图提供了充分支持。

在出图之前或之后，在保持图形内容不变或不做修改的情况下，有时会变更打印图幅的大小，或临时调整标注的式样或其文字大小。对这种常见的变化，可用插入图框程序，在程序界面上选择所变更的标注文字大小或标注箭头样式，在空白处空插一次图框，此时图中所有与此相关的内容，都会在几秒内，全自动完成调整变更。

在关闭图形时，除了最简单的直接关闭程序外，也有很多种可能。比如，这个 CAD 图形是自己用还是给别人用，是留在电脑中以后还要继续画或是传送给别人，在传送给别人时，是否要进行图形打开加密或者是防改加密，对这多种可能，《钢构 CAD》也考虑了不同的个性要求。

① 如果是留在电脑中以后还要继续画，此时只要在保存之后直接关闭 AutoCAD 程序即可。

② 如果该图形已完工，达到打印出图效果，在关闭图形之前，直接单击 Q 键，此时可调入清理程序，勾选所有能清理的项目，最后单击［全部清理］按钮，则能将你在画图过程中留下的一些图中垃圾全部清除，此时再保存之后关闭，则能最大限度地减小 CAD 文件的体积，为你节省电脑空间，加快文件交流传送速度。

③ 如果你的图形在传送给别人前，想要防止无关人员打开查看，可调用 AutoCAD 自带的图形加密功能进行打开加密。但如果所传送的图形又要让人能看见或打印，但却又不愿被别人随意修改，此时可调用图形加密固定程序，在一定的程度上，保护自己的知识产权，保护图纸外传后不被修改、套用。

还有更多、更实用、更酷的程序，例如：XY 不同比例缩放、量角器、创建云线、徒手画线、单线剖、双线剖、快速修剪、CAD 高手速成法等，都能为 CAD 操作者、特别是 CAD 新手，提供更广阔的发现和运用空间。

第三节 计算机辅助展开下料的界面

[实例1] 正天圆地方展开下料法

正天圆地方展开下料法见图5-1。

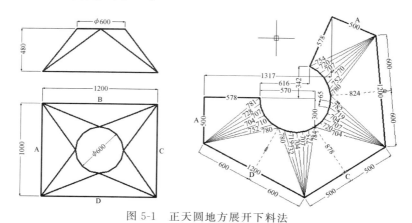

图 5-1 正天圆地方展开下料法

[实例2] 钣金展开类程序

钣金展开类程序界面见图5-2。

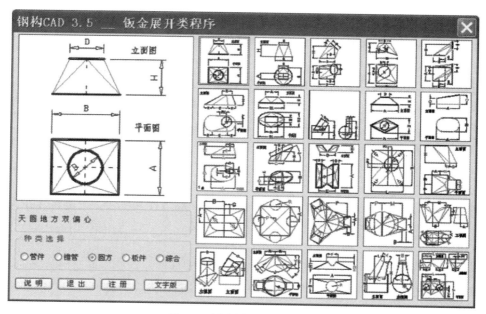

图 5-2 钣金展开类程序界面

[实例3] 变径正偏心管件（锥台）

变径正偏心管件（锥台）界面见图5-3。

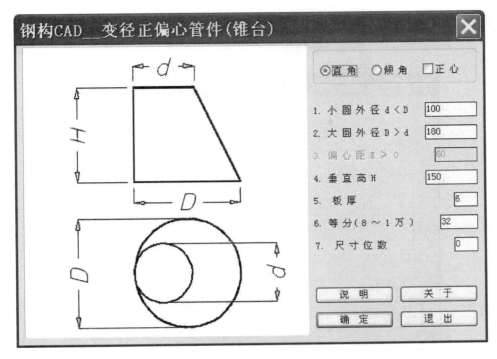

图 5-3　变径正偏心管件（锥台）界面

[实例 4]　虾米弯头展开下料法

虾米弯头展开下料法见图 5-4。

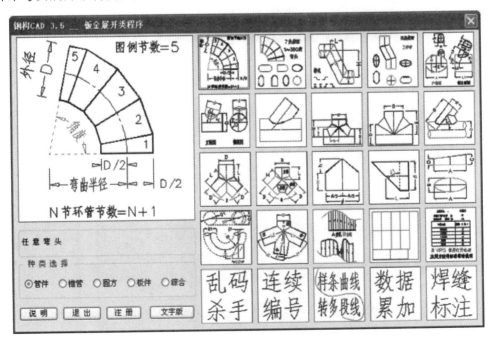

图 5-4　虾米弯头展开下料法

[实例 5]　圆管斜插锥管三通展开下料法

圆管斜插锥管三通展开下料法见图 5-5。

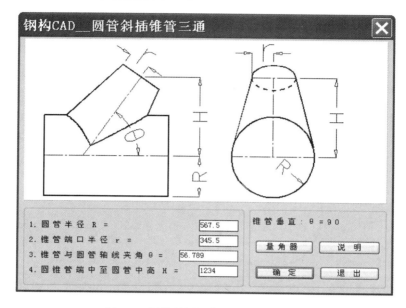

图 5-5　圆管斜插锥管三通展开下料法

[实例 6]　大圆弧等分法

大圆弧等分法见图 5-6。

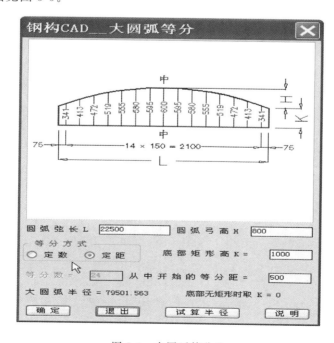

图 5-6　大圆弧等分法

思　考　题

1. 按照图 4-3 不同径斜马鞍展开下料法所示步骤在电脑上绘出展开图，图中尺寸放大 3 倍。然后在实训室按展开图用 2mm 钢板下料再用胎具冷做成形。与第四章用手工绘展开图在速度和准确性上做比较。

2. 按照图 4-7 长方拔梢展开下料法所示步骤在电脑上绘出展开图，图中尺寸放大 3 倍。然后在实训室按展开图用 2mm 钢板下料再用胎具冷做成形。与第四章用手工绘展开图在速度和准确性上做比较。

3. 按照图 4-20 上圆下三角形带梢桶座展开下料法所示步骤在电脑上绘出展开图，图中尺寸放大 5 倍。然后在实训室按展开图用 2mm 钢板下料再用胎具做冷成形。与第四章用手工绘展开图在速度和准确性上做比较。

4. 按照图 4-53 输煤采用漏斗式管接座下料法所示步骤在电脑上绘出展开图，图中尺寸放大 5 倍。然后在实训室按展开图用 2mm 钢板下料再用胎具冷做成形。与第四章用手工绘展开图在速度和准确性上做比较。

5. 按照图 4-64 天方大地圆相同正马鞍展开下料法所示步骤在电脑上绘出展开图，图中尺寸放大 5 倍。然后在实训室按展开图用 2mm 钢板下料再用胎具冷做成形。与第四章用手工绘展开图在速度和准确性上做比较。

6. 按照图 4-71 下方一头圆上小方一头圆展开下料法所示步骤在电脑上绘出展开图，图中尺寸放大 5 倍。然后在实训室按展开图用 2mm 钢板下料再用胎具冷做成形。与第四章用手工绘展开图在速度和准确性上做比较。

7. 按照图 4-74 搅龙展开下料法所示步骤在电脑上绘出展开图，图中尺寸放大 2 倍。然后在实训室按展开图用 2mm 钢板下料再用胎具冷做成形。与第四章用手工绘展开图在速度和准确性上做比较。

8. 按照图 4-76 热风包顶为 12 等分展开下料法所示步骤在电脑上绘出展开图，图中尺寸放大 5 倍。然后在实训室按展开图用 2mm 钢板下料再用胎具冷做成形。与第四章用手工绘展开图在速度和准确性上做比较。

参 考 文 献

［1］ 赵岩. 焊接结构生产与案例. 北京：化学工业出版社，2014.

［2］ 朱国宝. 金属熔焊工艺与压力容器管道焊接. 北京：化学工业出版社，2016.

［3］ 胡绳苏. 焊接自动化技术及其应用. 北京：机械工业出版社，2011.